# Optimiert Weihnachten

## Eine Anleitung zur Besinnlichkeits-Maximierung

von
Bernd Stauss

**GABLER**

Bibliografische Information der Deutschen Nationalbibliothek.
Die Deutsche Nationalbibliothek verzeichnet diese Publikation in der
Deutschen Nationalbibliografie; detaillierte bibliografische Daten sind im
Internet über <http://dnb.d-nb.de> abrufbar.

1. Auflage 2009

Lektorat: Barbara Roscher I Ute Grünberg

Gabler ist Teil der Fachverlagsgruppe Springer Science+Business Media.
www.gabler.de

Umschlaggestaltung: Gunter Rubin, www.reizend.com
Abbildung des Umschlags: Universitätsbibliothek Eichstätt-Ingolstadt, LI 72350
Fotoarbeiten: Universitätsbibliothek Eichstätt-Ingolstadt
Satz: Claudia Strauß, www.zorarot.com
Druck und buchbinderische Verarbeitung: Mercedes-Druck GmbH, Berlin
Gedruckt auf säurefreiem und chlorfrei gebleichtem Papier
Printed in Germany

ISBN 978-3-8349-1320-3

# Inhalt

1. Besinnlichkeitsdefizit als Weihnachtsproblem ........ 7

2. Weihnachtszielplanung mit Hilfe der
   Christmas Scorecard (CSC) ........................ 13

3. Bedürfnisgerechte Geschenkwunschermittlung
   mit Hilfe der Conjoint Analyse ................. 21

4. Kalorienoptimaler Leckereiverzehr ........... 29

5. Make or Buy Kekse ..................... 35

6. Weihnachtskarten-Portfolioanalyse ........... 41

7. Optimale Zusammensetzung des Strohsternsortiments ................................ 49

8. Geschenkebudgetierung ........................ 55

9. Geschenkepreisbestimmung bei unsicherer
   Gegengeschenkelage mittels
   Entscheidungsbaumverfahren ................. 67

10. Geschenkeeinkauf mittels Gift Target Costing ...... 75

11. Weihnachtsbaumkauf mit Hilfe des Scoring-
    verfahrens ................................ 81

12. Zeitoptimales Weihnachtsliedersingen ......... 89

13. Erfolgskontrolle: Das optimierte Weihnachtsfest .. 95

# 1. Besinnlichkeitsdefizit als Weihnachtsproblem

Spätestens wenn sich ab September die Adventskalender in den Supermärkten stapeln und die klingelingelnden Klingglocken in den Fußgängerzonen dröhnen, beginnt auch das Gejammer: Das Weihnachtsfest verkomme zu Konsum und Ramsch, Hektik und Stress. Der eigentliche christliche Anlass gerate in den Hintergrund, wenn er nicht gleich ganz aus dem Blick verloren werde. Vor allem aber bleibe keine Zeit für das Eigentliche, keine Zeit für einander, für gemeinsames Basteln und Singen, für familiäre Musizierfreuden und abendliches Zimtsternessen im Kerzenschein – kurz für Besinnlichkeit.

Da wir alle jammern, sind wir auch alle Opfer; Opfer von undurchschaubaren Mächten, den manipulierenden Medien, gierigen Konzernen, Zeit stehlenden grauen Männern. Sie alle schaffen einen gar nicht heilig wehenden, Besinnlichkeit vertreibenden Zeitgeist. Es ist allerdings fraglich, ob man sich wirklich in die Opferrolle begeben muss, ob man tatsächlich zusehen und erleiden muss, dass das Besinnlichkeitsdefizit in jedem Jahr noch stärker steigt als das Defizit im Staatshaushalt.

Nein, wir müssen das nicht hinnehmen. Es gibt eine individuelle Handlungsmöglichkeit, eine Rettung der Besinnlichkeit, und zwar ohne dass wir uns durch Verzicht oder Selbstausgrenzung unglücklich bzw. lächerlich machen.

Erforderlich ist nicht mehr als die Anwendung rudimentärer betriebswirtschaftlicher Kenntnisse. Mit einfachen, realitätsnahen betriebswirtschaftlichen Methoden können die weihnachtlichen Planungs-, Entscheidungs-, Durchführungs- und Kontrollprozesse wesentlich effizienter gestaltet werden.

Zugleich ist es damit möglich, die Weihnachtseffektivität zu steigern, also die mit Weihnachten verknüpften Ziele zu erreichen. Denn Besinnlichkeitsdefizite und Weihnachtsunzufriedenheit entstehen ja nicht nur durch den Stress, den unternehmerische Geschäftemacher erzeugen, sondern auch dadurch, dass wir suboptimale Entscheidungen treffen. Wir verschwenden Zeit mit dem Schreiben von Weihnachtskarten auch an manche, für die sich dieser Aufwand nicht lohnt. Es werden Plätzchen gebacken ohne Prüfung, ob man diese nicht besser und billiger beim Discounter bekommen kann. Auf dem Weihnachtsbazar erweisen sich mühsam gebastelte Strohsterne als unverkäuflich. Man gibt für Geschenke viel zu viel aus oder kauft immer wieder den falschen Weihnachtsbaum, über den man sich dann bis zum Abschmücken ärgert. Selbst die Besinnlichkeitsepisoden können misslingen, wenn beispielsweise das gemeinsame Weihnachtsliedersingen vor der Bescherung zu knapp oder zu langatmig ausfällt. Und immer isst man zuviel von den süßen Sachen, sodass der Blick auf die Waage im neuen Jahr noch Verzweiflung hervorruft, wenn man sich schon nicht mehr daran erinnern kann, was man zu Weihnachten geschenkt bekommen hat. Alles Fehlleistungen, die das Weihnachtsfest verderben und so leicht mit ein bisschen BWL zu vermeiden sind.

Wer also für sich und seine Familie Weihnachten retten und das Besinnlichkeitsdefizit beseitigen will, der muss die Maxime „Optimiert Weihnachten" akzeptieren und die im Folgenden dargestellten methodischen Empfehlungen anwenden.

Damit jedermann auch ohne betriebswirtschaftliches Studium auf mindestens Bachelor-Niveau diese Methoden leicht anwenden kann, werden sie jeweils an einem konkreten Fall erläutert. Die Problemlagen sind sämtlich der praktischen Weihnachtsrealität einer Fallstudien-Familie – der Familie Gutenburg – entnommen. Jahrelang hatten die

Gutenburgs in der Weihnachtszeit unter dem progressiven Rückgang an Besinnlichkeit gelitten. Deshalb war sie nur zu gern bereit, als Beobachtungs- und Befragungsobjekt einer Fallstudie zur Weihnachtsoptimierung zu dienen.

In einem ersten Schritt der Fallerhebung wurden durch Einzelinterviews, Gruppendiskussionen und Rollenspiele die familiären Weihnachtsprobleme erfasst.

Die sich dabei ergebende Liste von 56 Einzelproblemen wurde im anschließenden zweiten Schritt mit Hilfe der Frequenz-Relevanz-Analyse von Weihnachtsproblemen (FRAWP) bewertet.

Diese Methode beruht auf der Grundüberlegung, dass ein Weihnachtsproblem umso dringlicher der betriebswirtschaftlichen Aufmerksamkeit bedarf, je häufiger es auftritt und je ärgerlicher bzw. bedeutsamer dessen Auftreten empfunden wird. Dementsprechend war es notwendig, in der Familie Gutenburg zu jedem Problem zwei Informationen zu erheben: Erstens Daten über die Häufigkeit (oder Frequenz) des weihnachtlichen Problemauftritts und zweitens Informationen, die Aussagen darüber machen, wie bedeutsam die Gutenburgs das Weihnachtsproblem erachten (Relevanz). Die Häufigkeit wurde erhoben, indem jedes Familienmitglied danach befragt wurde, ob und gegebenenfalls wie oft es das jeweilige Problem schon erlebt hat. Die Relevanz wurde anhand einer fünfstufigen Verärgerungsskala (von ziemlich unproblematisch = 1 bis total nervig = 5) gemessen. Durch Multiplikation von Häufigkeit und durchschnittlichem Skalenwert der Relevanz ergaben sich die problembezogenen Relevanzwerte, die es ermöglichten, eine Rangreihung der Probleme nach Dringlichkeit vorzunehmen. Elf Probleme mit den höchsten weihnachtsproblembezogenen Relevanzwerten wurden für die weitere Betrachtung ausgewählt.

Im entscheidenden dritten Schritt ging es darum, jedes Problem im Detail zu analysieren und eine geeignete betriebswirtschaftliche Methode zur Problemlösung auszuwählen und anzuwenden. Mit Hilfe dieses Methodeneinsatzes wurde die Entscheidungsfindung rational gestaltet und die Entscheidungen konnten vielfach nicht nur stark verbessert, sondern optimiert werden.

Der vierte und letzte Schritt betraf die Implementierung oder Umsetzung der Entscheidung in einem familienweiten Veränderungsvorgang. Die Freude der Familie Gutenburg in diesem Change-Prozess ist allen zu gönnen, die heute noch unter weihnachtlichen Besinnungsdefiziten leiden. Daher werden die methodischen Lösungsschritte hier detailliert beschrieben.

Zunächst allerdings sei die Case Family Gutenburg in ihrer Mitgliederstruktur und hinsichtlich der vorherrschenden Entscheidungsmechanismen kurz beschrieben. Es handelt sich um ein Ehepaar mit zwei Kindern. Eric Gutenburg, der Ehemann und Vater, ist 39 Jahre alt und als Diplom-Kaufmann in der Internen Revision einer großen Versicherung tätig. Seine Frau Monika Gutenburg-Wähe, 37 Jahre alt, arbeitet halbtags als Rechtsanwaltsfachangestellte in einer Kanzlei. Vervollkommnet wird die Familie durch die beiden Kinder Hanna (11 Jahre) und Lukas (9 Jahre).

Hauptartikulatorin des Besinnlichkeitsdefizits ist Monika, die natürlich mit Beruf, Mann, Kindern und Weihnachten auch am stärksten belastet ist. Weniger ausgeprägt ist die Problemwahrnehmung bei Eric; die Kinder nehmen die Problembeschreibung völlig verständnislos zur Kenntnis, und das auch nur kurzfristig. Aber sie sind eben Kinder, sodass ihre Interessen doch noch weitgehend durch die Eltern wahrgenommen werden.

Natürlich kommt die angestrebte Erhöhung des Besinnlichkeitsnutzens nicht nur Monika, sondern allen Familienmitgliedern zu Gute, sodass auch die Weihnachtsoptimierung eine gesamtfamiliäre Herausforderung darstellt. Doch Eric sieht sich eindeutig in der Führungsverantwortung. Diese leitet er zum einen aus seiner eher traditionell verstandenen väterlichen Leitungsfunktion ab, die von Monika auch keineswegs angezweifelt, sondern allenfalls faktisch durch eigene Übernahme außer Kraft gesetzt wird. Zum anderen basiert der Führungsanspruch auf der betriebswirtschaftlichen Kompetenz, die er sich in einem zehnsemestrigen Studium und einer inzwischen 12-jährigen Berufstätigkeit erworben hat. Es ist diese Kompetenz, von der nun nicht nur seine Familie profitiert, sondern Weihnachten; und es ist dieser Weihnachtsprofit, der jedem winkt, der die Methoden der Weihnachtsoptimierung anwendet.

# 2. Weihnachtszielplanung mit Hilfe der Christmas Scorecard (CSC)

## Das Problem

Ein grundlegendes Problem der Weihnachtshektik liegt darin, dass häufig Einzelaktivitäten in Orientierung an kurzfristigen operativen Zielen durchgeführt werden, während die wichtigeren, übergreifenden, strategischen Ziele ebenso unberücksichtigt bleiben wie die Wirkzusammenhänge. Das führt meist zu dysfunktionalen Entscheidungen, also Entscheidungen, die sich trotz des planerischen Ansatzes im Nachhinein als nicht zielführend bzw. sogar zielverhindernd erweisen. So könnte man beispielsweise vorschnell beschließen, weihnachtliche Besinnungszeit durch den Verzicht auf Geschenkebedarfsermittlung, Geschenkeauswahl, Geschenkeverpackung usw. zu gewinnen. Wenn aber dadurch die Weihnachtszufriedenheit der Kinder so stark vermindert wird, dass die quantitativ gewonnene Besinnungszeit nicht mehr qualitativ besinnlich ausfällt, dann ist das Ergebnis suboptimal. Um dies zu verhindern, bedarf es eines strategischen Planungsinstruments, das eine Orientierung der Familie an den strategischen Weihnachtszielen sicherstellt. Dieses Instrument ist die Christmas Scorecard.

## Die Lösung

Die Christmas Scorecard (CSC) ist die für Weihnachten adaptierte Version der Balanced Scorecard-Methode, mit deren Hilfe eine umfassende strategische Steuerung möglich ist.[1]

---

1 Vgl. Kaplan, R. S./Norton, D. P. (1997): Balanced Scorecard, Stuttgart; Kaplan, R. S./Norton, D. P. (2001): Die strategiefokussierte Organisation: Führen mit der Balanced Scorecard, Stuttgart.

13

Wesentlich für diesen Ansatz ist es, dass für verschiedene Perspektiven zentrale Leistungsgrößen („Key Performance Indicators") definiert werden. Der Begriff „Balanced" weist darauf hin, dass die unterschiedlichen Perspektiven sowie die Leistungsgrößen in einem ausgewogenen Verhältnis Berücksichtigung finden sollen. Zudem sind bei der Konkretisierung der Zielwerte die kausalen Wirkungseffekte zwischen Haupt- und Teilzielen sowie zwischen den einzelnen Perspektiven zu beachten. Dies macht es beispielsweise möglich, die geschenkorientierten Kinderinteressen mit den zur Verfügung stehenden finanziellen Mitteln in Balance zu halten oder die Auswirkungen einer mit Finanzrestriktionen begründeten Nichterfüllung von Geschenkwünschen auf die familiäre Stimmungslage zu berücksichtigen.

Die Aufstellung einer Christmas Scorecard muss systematisch in vier Hauptschritten erfolgen.

**(1) Festlegung von Weihnachtsvision und -strategie**

In einem ersten Schritt muss die familiäre Vision von Weihnachten und das strategische Weihnachtsziel definiert werden. Im familiären Leitungsteam (Eric und Monika) wurde sehr schnell Konsens über diese grundlegenden strategischen Größen gefunden, da die gefühlte Diskrepanz zwischen der erlebten Weihnachtsrealität und der bisher nur noch nicht explizit festgehaltenen Weihnachtsvision gerade den Ausgangspunkt für die Optimierungsdiskussion darstellte. Folgende Weihnachtsvision wurde verabschiedet: „Das Weihnachtsfest unserer Familie steht für Besinnlichkeit und Zufriedenheit".

**(2) Auswahl der relevanten Perspektiven**

Im zweiten Schritt sind die Perspektiven auszuwählen, die für die Erreichung der Weihnachtsvision relevant sind. Auch hier wurde im Team schnell Einigkeit hergestellt.

An erster Stelle muss natürlich die Perspektive der Familienmitglieder einbezogen werden, da die dominante Zielsetzung in der Steigerung der von ihnen wahrgenommenen Besinnlichkeit und Weihnachtszufriedenheit liegt. Angesichts der Tatsache allerdings, dass erhebliche Meinungsunterschiede zwischen Eltern und Kindern über die Zielgewichtung (vor allem in Bezug auf das Besinnlichkeitsziel) und die Treiber der Weihnachtszufriedenheit existieren, wird empfohlen, die „Elternperspektive" und die „Kinderperspektive" jeweils gesondert zu betrachten.

Darüber hinaus ist zu berücksichtigen, dass Besinnlichkeitssteigerung nur zu erwarten ist, wenn die Effizienz der weihnachtlichen Aufgabenerfüllung erhöht wird, was durch die „Prozessperspektive" zu berücksichtigen ist. Nicht zuletzt stehen offensichtlich keine unbegrenzten Ressourcen für die Erzeugung von Weihnachtszufriedenheit zur Verfügung, sodass in der „Kostenperspektive" vor allem die Kosten des weihnachtlichen Ressourceneinsatzes zu betrachten sind. Dementsprechend ergibt sich das in Abbildung 1 dargestellte Grundmodell der Christmas Scorecard, in dem auch der Zusammenhang zwischen den Perspektiven verdeutlicht ist.

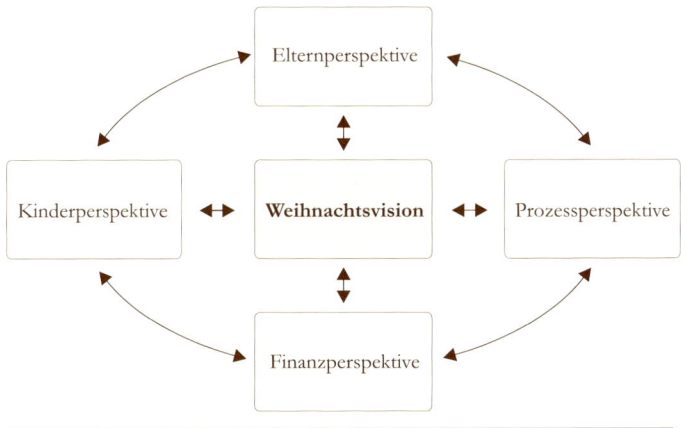

Abbildung 1: Das Grundmodell einer Christmas Scorecard (CSC)

### (3) Konkretisierung der Ziele und Auswahl der Messgrößen

Im dritten Schritt geht es darum, die grundlegende weihnachtsstrategische Ausrichtung in Kennzahlen zu übersetzen, und zwar auf der Basis von Vorstellungen über Ursache-Wirkungs-Beziehungen. So ist zum Beispiel die Kinderzufriedenheit eine sinnvolle Kennzahl, weil die Wirkungsannahme besteht, dass eine hohe Kinderzufriedenheit Voraussetzung für eine hohe weihnachtliche Besinnlichkeitsqualität ist.

In der **„Kinderperspektive"** sind vor allem die Dimensionen zu berücksichtigen, die maßgeblichen Einfluss auf die Besinnlichkeitsqualität haben. Das ist vor allem die Weihnachtszufriedenheit. Dementsprechend ist eine Zielgröße für die globale Kinderzufriedenheit zu definieren, beispielsweise in der Form von konkreten Zufriedenheitsindex-Werten oder von Mindest-Prozentsätzen begeisterter Kinder bzw. Höchstprozentsätzen für enttäuschte Kinder. Ergänzend ist die Kinder-Meckerquote zu berücksichtigen im Sinne des Anteils von Kindermeckereien an der Gesamtzahl weihnachtlicher Kinderkommentare.

Die **„Elternperspektive"** ist analog zu konzipieren. Dementsprechend sind hier die globale Elternzufriedenheit und die Eltern-Meckerquote geeignete Key Performance Indicators.

Im Fokus der **„Prozessperspektive"** steht die Effizienzbetrachtung der Aufgabenerfüllung. Hierfür sind vor allem objektive Größen heranzuziehen. Von besonderer Bedeutung sind zeitliche Standards für die (vor)weihnachtlichen

Prozesse, die nicht unmittelbar zur Besinnlichkeit beitragen. So sollte beispielsweise ein Maximalwert für die gesamte weihnachtliche Arbeitsprozessdauer in Stunden festgelegt werden. Zudem ist eine Weihnachtsproduktivitätskennziffer zu fixieren, mit deren Hilfe eine verbesserte Output-Input-Relation von Arbeitseinsatz und Besinnlichkeitsqualität geplant werden kann.

In der „Kostenperspektive" muss der Werteverzehr betrachtet werden, der primär durch den Einsatz weihnachtsbezogener finanzieller Mittel, sekundär auch durch den Verschleiß psychischer Ressourcen erfolgt. Dementsprechend sind sowohl für die Geschenkekosten als auch für die psychischen Kosten zentrale Leistungsindikatoren zu definieren. Als Messgrößen für die monetären Geschenkekosten haben sich die Festlegung von Maximalwerten für Geschenkebudgets bzw. Geschenkebudgetüberschreitungen, für die psychischen Kosten Zielwerte für die Reduktion des vorweihnachten Burn-out-Syndroms als besonders sinnvoll erwiesen.

## (4) Festlegung der Zielwerte

In der letzten Stufe der Christmas Scorecard-Entwicklung müssen für die jeweiligen Messgrößen Sollwerte formuliert werden. Dies hat natürlich familiärindividuell in Kenntnis des jeweiligen situativen Umfeldes zu erfolgen. Die Sollwerte in Abbildung 2 zeigen, welche Zielgrößen die Case Family Gutenburg ihrer Planung zugrunde legt.

Wie im Grundmodell der Christmas Scorecard durch die Pfeile gekennzeichnet, bestehen zwischen den verschiedenen Perspektiven sowie zwischen diesen und der Weihnachtsvision starke Interdependenzen. So wird bei-

| Perspektive | Leistungsdimension | Key Performance Indicator | Sollwert |
|---|---|---|---|
| Kinder-perspektive | Kinderzufriedenheit | Kinder-Zufriedenheitsindex | 86 % |
| | Kindermeckerquote | Anzahl Kindermeckereien / Gesamtzahl weihnachtsbezogener Kommentare | 20 % |
| Eltern-perspektive | Elternzufriedenheit | Eltern-Zufriedenheitsindex | 82 % |
| | Elternmeckerquote | Anzahl Elternmeckereien / Gesamtzahl weihnachtsbezogener Kommentare | 19 % |
| Prozess-perspektive | Weihnachtliche Arbeitsprozessdauer | Gesamte Arbeitsprozessdauer in Stunden (h) | < 226 h |
| | Weihnachtsproduktivität | Besinnlichkeitsqualität / Gesamte Arbeitsprozessdauer in Stunden | 2,5 |
| Kosten-perspektive | Kosten für Geschenke | Überschreitung des Weihnachtsgeschenkebudgets | < 50 % |
| | Psychische Kosten | Reduzierung des elterlichen vorweihnachtlichen Burn Out Syndroms | 48 % |

Abbildung 2: Kennzahlen der Christmas Scorecard (CSC)

spielsweise erwartet, dass eine erhöhte Kinderzufriedenheit die Elternzufriedenheit steigert (und umgekehrt), dass die Erhöhung der Weihnachtsproduktivität die Elternmecker-quote verringert, die Reduzierung der gesamten Arbeits-dauer zur Verminderung des elterlichen vorweihnachtlichen Burn-out Syndroms führt und alles sich natürlich positiv in der zentralen Zielgröße der Weihnachtsvision – der Besinn-lichkeit – niederschlägt. Als Ergebnis des gewissenhaften Planungsprozesses kommt die Familie Gutenburg beispiels-weise zu der Erwartung, dass sich die Besinnlichkeitsqualität im Vergleich zum Vorjahreswert um 34 Prozent steigern lässt. Wie am Ende der Fallstudie berichtet wird, ist es der

Familie in gewisser Hinsicht gelungen, ihre ehrgeizigen Ziele sogar noch zu übertreffen. Allerdings zeigte sich auch die Notwendigkeit einer Anpassung und Weiterentwicklung des hier vorgestellten Planungsansatzes. Zu den Lerneffekten gehört u.a. auch die Einsicht, dass der Planungsprozess möglichst frühzeitig begonnen werden sollte, d.h. spätestens dann, wenn die Ergebnisse der Abschlussprüfung des Weihnachtsquartals vorliegen.

## 3. Bedürfnisgerechte Geschenkwunschermittlung mit Hilfe der Conjoint Analyse

### Das Problem

Natürlich liegt eine Kernursache für mangelnde Weihnachtszufriedenheit oder sogar große Unzufriedenheit mit der Gefahr erheblicher familiärer Loyalitätseinbußen darin, dass die falschen Geschenke ausgesucht werden. Das passiert immer wieder, eigentlich jedes Jahr. Nicht umsonst ist an den nachweihnachtlichen Umtauschtagen das Gedränge in den Läden am höchsten. Dass dies passiert, hat nicht nur mit Lieblosigkeit und Phantasielosigkeit zu tun, sondern vor allem auch mit mangelnder Kenntnis, wie man die Geschenkpräferenzen der Familienmitglieder exakt ermitteln kann.

Früher hat man sehr einfache Geschenkbedarfsermittlungsinstrumente eingesetzt. Am weitesten verbreitet war der Wunschzettel, den vor allem Kinder zum Nikolaustag malen oder schreiben mussten. Doch diese Form der Ermittlung führt erfahrungsgemäß zu ungenauen Ergebnissen, schon aufgrund verzeihlicher Mängel an zeichnerischer und orthographischer Darstellungsfähigkeit. Vor allem aber ist diese Form meist den Kindern vorbehalten, sodass man insbesondere ein Instrument zur Ermittlung des genauen Geschenkbedarfs auch der älteren Familienmitglieder benötigt.

Monika ist sich beispielsweise sehr sicher, dass sich Eric auch in diesem Jahr wieder zu Weihnachten eine Krawatte wünscht. Trotz dieser Kenntnis ist Weihnachtsunzufriedenheit nicht auszuschließen, da Monika möglicherweise ein Exemplar ersteht, das Eric gar nicht gefällt. Insofern will sie durch den Einsatz eines exakten Bedürfnisermittlungsverfahrens die Gefahr von krawattenbezogenen Fehlentscheidungen vermeiden.

## Die Lösung

Als Methode zur exakten Geschenkbedürfnisermittlung kommt nur die seit Jahren bewährte Conjoint Analyse in Betracht.[2]

Mit Hilfe dieses Verfahrens, das zu den multivariaten Analysemethoden gehört, ist es möglich, den Gesamtnutzen von Geschenkalternativen zu berechnen und zugleich auch noch zu ermitteln, welche Eigenschaften der Geschenkart in welchem Umfang zum Gesamtnutzen beitragen. Für Monika heißt dies: Mittels Conjoint Analyse ist sie in der Lage, die Alternative zu bestimmen, die Erics Präferenzen am besten entspricht, und sie erhält auch Kenntnis über die Beiträge der einzelnen Krawatteneigenschaften zum Gesamtnutzen des Geschenks.

Zusammengefasst besteht das Verfahren aus drei einfachen Schritten.

1. Im ersten Schritt muss Monika feststellen, welche Eigenschaften und Eigenschaftsausprägungen in das Verfahren einbezogen werden sollen. Diese Eigenschaften müssen für Eric relevant und unabhängig voneinander sein. Auch müssen sie natürlich in konkreten Kaufalternativen vorkommen, damit sie von Monika bei der endgültigen Geschenkeauswahl auch berücksichtigt werden können.

Aufgrund langjähriger Partnerkenntnis kommt Monika zu dem Ergebnis, dass es primär drei Eigenschaften sind, die einzubeziehen sind: Der Stoff, die Form und das Muster der Krawatte.

---

2  Backhaus, K./Erichson, B./Plinke, W./Weiber, R. (2006): Multivariate Analysemethoden, 11. Aufl., Berlin u.a., S. 557ff.

Jede dieser Eigenschaft kann eine Fülle von Ausprägungen haben. Um aber die Entscheidungssituation für Eric bewältigbar zu halten, schränkt Monika die Zahl der betrachteten Varianten ein. In Bezug auf den Stoff reduziert sie die Betrachtung auf Seide und Polyester. Hinsichtlich der Form kommen ihrer Ansicht nach nur breite oder schmale Krawatten in Frage. Als Muster zieht sie die Gruppen „Punkte" und „Streifen" sowie als figürliche Variante „Golfball" in Betracht, weil Eric gern Golfer wäre.

2. In dem zweiten Schritt ist nun Eric als Auskunftsperson aufzufordern, seine Präferenzen zum Ausdruck zu bringen. Zu diesem Zweck müssen alle Alternativen der Auskunftsperson zur Beurteilung vorgelegt werden. Da wir drei Kriterien haben, von denen zwei jeweils zwei Ausprägungen und eines drei Ausprägungen aufweist, handelt es sich um $2^2$ x 3 = 12 Alternativen. Natürlich könnte man auch mehr Kriterien berücksichtigen, etwa Farben, Schlipslänge usw. und jeweils mehr Ausprägungen. Allerdings muss man bedenken, dass es bei fünf Kriterien mit jeweils drei Ausprägungen schon $3^5$ = 243 Alternativen gibt, was hinsichtlich einer eindeutigen Rangreihung vielleicht doch die eine oder andere Befragungsperson überfordern dürfte, in jedem Fall aber Eric.

Üblicherweise macht man es der Befragungsperson einfach, indem man die 12 Alternativen auf Kärtchen als Stimuli auflistet (siehe Abbildung 3). Monika legt Eric also die dargestellten 12 stimulierenden Kärtchen vor und fordert ihn auf, die Krawatten in eine bestimmte Rangordnung zu bringen.

Für Befragungspersonen, die weniger Vorstellungsvermögen als Eric haben, ist es auch sinnvoll, die Alternativen mit einer Digitalkamera zu fotografieren oder abzuzeichnen und somit die konkreten Abbildungen in der Befragung einzusetzen (siehe Abbildung 4).

| **Krawatte 1** | **Krawatte 2** | **Krawatte 3** |
|---|---|---|
| Seide | Seide | Seide |
| schmal | schmal | schmal |
| Streifen | Punkte | Golfball |

| **Krawatte 4** | **Krawatte 5** | **Krawatte 6** |
|---|---|---|
| Polyester | Polyester | Polyester |
| schmal | schmal | schmal |
| Streifen | Punkte | Golfball |

| **Krawatte 7** | **Krawatte 8** | **Krawatte 9** |
|---|---|---|
| Seide | Seide | Seide |
| breit | breit | breit |
| Streifen | Punkte | Golfball |

| **Krawatte 10** | **Krawatte 11** | **Krawatte 12** |
|---|---|---|
| Polyester | Polyester | Polyester |
| breit | breit | breit |
| Streifen | Punkte | Golfball |

Abbildung 3: Textstimuli für die Präferenzenerhebung

In jedem Fall muss Eric die Text- oder Abbildungsstimuli in eine konsistente Rangordnung bringen, also der bevorzugten Krawatte den Rangplatz 1, der von ihm am schlechtesten bewerteten Krawatte den letzten Rangplatz 12 zuweisen. Eine kinderleichte Aufgabe.

3. Aus diesen Daten werden nun mit Hilfe der Conjoint Analyse die Teilnutzenwerte für alle Eigenschaftsausprägungen (wie Streifen, Breite oder Polyester) geschätzt. Der Gesamtnutzen einer jeden Krawattenalternative ergibt sich als Summe der Teilnutzenwerte für die jeweilige Ausprägung der verschiedenen 3 Eigenschaften.

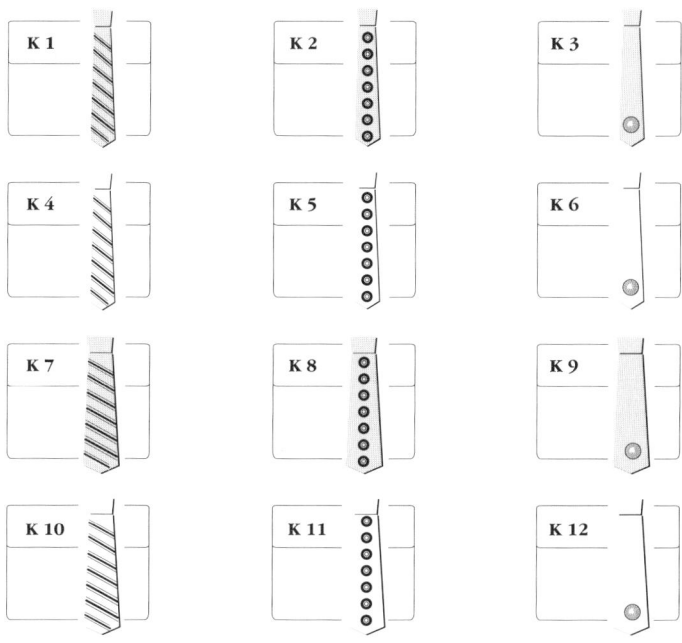

Abbildung 4: Abbildungsstimuli für die Präferenzenerhebung

Monika führte diese Berechnung mit Hilfe des Statistik-programms SPSS durch und erhält das Ergebnis, dass die Alternative 9 (Seide, breit, Golfball) die für Eric optimale Krawatte ist, denn sie weist den höchsten Gesamtnutzen-wert (7,457) auf. Diese Alternative war im Übrigen von Eric auch auf den ersten Rangplatz gesetzt worden, was die Treffsicherheit des Verfahrens beweist.

Darüber hinaus liefert das Programm auch Auskunft über die relative Wichtigkeit der Eigenschaften für Erics Prä-ferenz. So zeigt es sich, dass der Stoff nur zu 15 Prozent die Gesamtpräferenz beeinflusst, während die Form ein Gewicht von 25 Prozent und das Muster sogar von 60 Pro-zent hat (gerundete Werte). Der Golf-Aspekt hat also Erics Gesamtpräferenz am weitaus stärksten bestimmt.

Diese Eigenschaftsgewichtung ist zwar an dieser Stelle nicht von Bedeutung, wird aber später, beim eigentlichen Einkaufsakt, noch eine zentrale Rolle spielen. Denn wenn Monika bei der Beschaffung aus Kostengründen von der ermittelten Idealkrawatte abweichen muss, dann sollte sie Abstriche eher bei Stoff und Binderbreite, nicht aber am Golfmotiv vornehmen.

Damit liegt eine unbezweifelbare, tatsächlich an den Präferenzen des potenziellen Empfängers ausgerichtete Geschenkewunschermittlung vor. Monika kann sicher sein, dass Eric von der Krawatte begeistert sein wird, sofern seine krawattenspezifischen Präferenzen in der Vorweihnachtszeit stabil bleiben. Natürlich wird die Überraschung nicht mehr sehr groß sein, dass er wieder eine Krawatte in seinem Weihnachtspäckchen findet. Aber überraschend wäre für ihn sowieso nur eine Abweichung von dieser bewährten Geschenketradition gewesen. Zudem ist anzunehmen, dass er sich zu Weihnachten ohnehin nicht mehr an die von ihm bevorzugte Variante erinnern kann oder – wenn doch – hoch erfreut ist, dass er tatsächlich die präferierte Variante bekommt. Es hätte ja sein können, dass das Statistikprogramm seine Präferenzen besser kennt als er selbst.

Es versteht sich von selbst, dass eine genaue Erfüllung der Geschenkeerwartungen zu Weihnachten nur dann möglich ist, wenn die Wunschermittlung mit Hilfe der Conjoint Analyse für jeden einzelnen Geschenkwunsch aller Familienmitglieder sorgfältig durchgeführt wird. Das kann im Einzelfall ein wenig aufwändig werden. So bestand Lukas darauf, bei der Ermittlung seines Mountain-Bike-Wunsches mindestens neun Kriterien zur Bewertung heranzuziehen (Rahmen, Sattel, Vorbau, Lenker, Gabel, Räder, Pedale, Bremsen und

Gangschaltung). Immerhin ließ er sich dazu bewegen, die Alternativenzahl für jedes Merkmal auf vier zu begrenzen. Dennoch mussten dafür immerhin 262 144 Kärtchen erstellt und in eine Rangordnung gebracht werden. Aber dies hat am Ende nicht nur zu einer präzisen Wunschradbeschreibung geführt, sondern auch ganz viel Spaß gemacht.

# 4. Kalorienoptimaler Leckereiverzehr

## Das Problem

Zu den negativsten Begleiterscheinungen der Weihnachtszeit gehört es, dass der Genuss von Weihnachtsleckereien mit einer erheblichen Kalorienzufuhr verbunden ist. Diese materialisiert sich meist schon in der Weihnachtszeit, verstärkt dann aber in der Nachweihnachtszeit in zugleich unübersehbaren wie höchst unerwünschten Fettpölsterchen, die meist nicht einmal in der vorösterlichen Fastenzeit wieder beseitigt werden können.

Dieses Problem wird vor allem von Monika sehr stark empfunden. Natürlich könnte sie auf die Weihnachtsleckereien einfach verzichten. Doch das ist keine sinnvolle Lösung, weil ein solcher Verzicht nur mit einer erheblichen Einbuße an Weihnachtszufriedenheit zu erkaufen wäre. Nein, nicht Verzicht ist angesagt, sondern eine exakte Bestimmung der optimalen Leckereien-Zahl, die sie ohne schlechtes Gewissen und ohne jede Gefahr einer unerwünschten Gewichtszunahme verzehren kann.

## Die Lösung

Die Lösung besteht in der Berechnung der kalorienoptimalen Leckereienkombination. Nur wenige Daten sind für die Berechnung erforderlich und liegen in der Regel auch vor.

(1) Zunächst muss festgelegt werden, wie viel Kalorien insgesamt durch Weihnachtsleckereien zuzulassen sind. Monika hat die Erfahrung gemacht, dass sie ihr Gewicht hält, wenn sie nicht mehr als 2000 kcal pro Tag zu sich nimmt. Allenfalls die Hälfte ihres täglichen Kalorienbedarfs will sie durch weihnachtliche Süßigkeiten decken, wobei sie sich auf ihre Lieblingsleckereien, nämlich Dominosteine und Marzipan-

kartoffeln, beschränken will. Als Planungsperiode wählt sie die Zeit vom 1. bis zum 26. Dezember, sodass ihr insgesamt 26.000 kcal für den Verzehr von Dominosteinen und Marzipankartoffeln zur Verfügung stehen.

(2) Für die weitere Betrachtung muss nun die Kalorienproduktionsfunktion entwickelt werden.[3] Diese stellt den funktionalen Zusammenhang her zwischen den Inputmengen an Dominosteinen (d) und Marzipankartoffeln (m) einerseits und dem durch sie zu erreichenden Heißhungerbefriedigungsniveau (H) als Output andererseits.

Dabei ist davon auszugehen, dass es möglich ist, ein bestimmtes Heißhungerbefriedigungsniveau durch verschiedene Kombinationen von Dominosteinen und Marzipankartoffeln zu erreichen, denn die beiden Leckereien sind substituierbar.

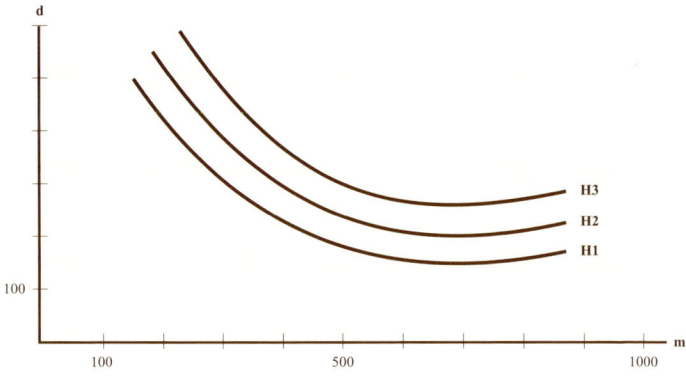

Abbildung 5: Heißhungerbefriedigungs-Isoquanten

---

3  Zur Produktionsfunktion vgl. Wöhe, G./Döring, U. (2008): Einführung in die Allgemeine Betriebswirtschaftslehre, München, S. 298.

Alle möglichen Kombinationen von Dominosteinen und Marzipankartoffeln (d, m), die zu einem bestimmten Heißhungerbefriedigungsniveau H führen, lassen sich durch eine durchgezogene Linie, die so genannte Heißhungerbefriedigungs-Isoquante darstellen. In Abbildung 5 sind sie für drei Niveaus $H_1$, $H_2$ und $H_3$ eingezeichnet.

Aber welche Kombination von Dominosteinen und Marzipankartoffeln soll Monika wählen?

(3) Natürlich ist die kalorienoptimale Leckereienkombination zu suchen. Dazu benötigt sie die Kalorien-Isoquante, die zum Ausdruck bringt, mit welchen Kombinationen von Marzipankartoffeln und Dominosteinen jeweils genau die zur Verfügung stehenden 26.000 kcal erreicht werden.

Da Monika weiß, dass ein Dominostein durchschnittlich 55 kcal hat, während eine Marzipankartoffel bloß 26 kcal aufweist, lautet die Formel für die Kalorien-Isoquante:

$$26.000 = 26 \, m + 55 \, d$$

Diese Isoquante ist in Abbildung 6 als Gerade eingezeichnet. Die Schnittpunkte mit der Achse sind klar: Würde Monika die gesamte Kalorienmenge durch Dominosteinverzehr erzeugen (m = 0), könnte sie 472,72 davon verdrücken. Würde sie dagegen ganz auf Dominosteine verzichten (d = 0), könnte sie 1000 Marzipankartoffeln in sich reinschieben, ohne zuzunehmen.

Allerdings handelt es sich hier um nicht-optimale Extrempunkte, weil Monika in jedem Fall von beiden Leckereien essen will. Sie sucht nach der optimalen Aufteilung des Kalorienbudgets.

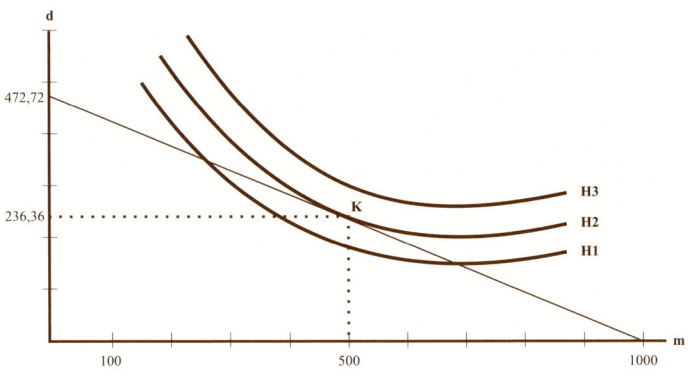

Abbildung 6: Kalorienoptimale Leckereienkombination

Diese optimale Lösung liegt genau dort, wo mit dem gegebenen Kalorienbudget das maximale Heißhungerbefriedigungsniveau erreicht wird. Das ist an dem Punkt der Fall, wo die Kalorien-Isoquante die Heißhungerbefriedigungs-Isoquante tangiert.

Wie Abbildung 6 zeigt, liegt dieser Punkt (K) auf der Heißhungerbefriedigungs-Isoquante $H_2$. Die höhere Isoquante $H_3$ kann nicht erreicht werden, es gibt keinen Berührungspunkt mit der Kalorien-Isoquante. Bei der Kalorien-Isoquante $H_1$ gibt es zwar zwei Schnittpunkte, also zwei realisierbare Kombinationen, aber das Heißhungerbefriedigungsniveau fällt geringer aus als bei $H_2$.

Wie Abbildung 6 deutlich macht, kann Monika genau 500 Marzipankartoffeln sowie 236 und ein gutes Drittel Dominosteine essen, ohne Weihnachtsspeck anzusetzen. Damit zeigt sich bereits die Bewährung dieses methodischen Ansatzes. Darüber hinaus könnte Monika leicht weiter gehende Überlegungen anstellen, beispielsweise berechnen, welches höhere Heißhungerbefriedigungsniveau und welche größere Marzipankartoffel-Dominostein-Mengenkombination sie erreichen kann, falls sie sich dazu durchringt, ihren gesamten Kalorienverbrauch in der Weihnachtszeit durch Weihnachtsleckereien zu befriedigen.

# 5. Make or Buy Kekse

## Das Problem

eines der besonders zeitaufwändigen Aktivitäten in der Vorweihnachtszeit ist das Keksebacken. Alle möglichen Abende gehen damit verloren. Zeit- und Stromressourcen werden verbraucht. Die Kinder sind zwar am Ergebnis interessiert, aber kaum an der Produktion. Auch Monika kann Hanna und Lukas mit der Aussicht auf Backstunden nicht mehr vom MP3-Player bzw. der Playstation weglocken. Insofern stellt sich ihr die Frage, lohnt sich die Selbstproduktion eigentlich noch? Soll ich wirklich weiter Zimtsterne backen oder sie doch gleich lieber beim Discounter oder Konditor kaufen? Sie hat es also mit einem typischen „Make-or-Buy"-Problem zu tun.

## Die Lösung

Monika kann erfahrungsgemäß davon ausgehen, dass es den Hauptkekseverbrauchern – den Kindern, aber auch Eric – ziemlich egal ist, ob es sich um selbst gebackene oder gekaufte Zimtsterne handelt, sofern sie in etwa vergleichbar sind. Das heißt, die erreichbare Zufriedenheit der Familienmitglieder wird durch die Make-or-Buy-Entscheidung nicht tangiert. In diesem Fall kann die Vorteilhaftigkeit von Selberbacken oder Kaufen leicht mit Hilfe eines einfachen Kostenvergleichs entschieden werden.[4]

Beim Selberbacken fallen unterschiedliche Kosten an. Dabei ist zwischen variablen und fixen Kosten zu unterscheiden.

---

4  Vgl. analog Kern, W. (1992): Industrielle Produktionswirtschaft, 5. Aufl., Stuttgart, S. 55.

Variabel, d.h. von der Zimtsternmenge abhängig, sind die monetären Kosten für die Zutaten (Mandeln, Eier, Puderzucker, Zimt, Zitrone). Gleiches gilt für die zeitlichen Produktionskosten, die entstehen, wenn die Sterne ausgestochen, auf dem Backblech platziert, mit Eischnee bestrichen werden usw. (um nur die wichtigsten sternspezifischen Aktivitäten zu benennen).

Darüber hinaus entstehen Stromkosten, die genau genommen für jedes in den Ofen geschobene Backblech auftreten, aber bei jeweils gleicher Zahl an Sternen pro Backblech auch pro Stück berechnet werden können.

Neben diesen variablen Kosten entstehen noch zeitliche Rüstkosten (Studium des Plätzchenrezeptes, Kindermotivation, Vorbereitung der Küchenutensilien, Nachbereitungsarbeiten wie Abwasch usw.), die fixen Charakter haben, also unabhängig von der Anzahl gefüllter Backbleche sind.

Die Berechnung der variablen Kosten ist schnell getan. Monikas penible Buchführung im Einkaufsbuch macht es ihr leicht, die entsprechenden Kostengrößen für die Zutaten zu ermitteln. Nach ihrer Rechnung belaufen sich die Materialkosten für Mandeln, Eier, Puderzucker, Zitrone und Zimt pro Backblech auf 6,40 Euro. Da Monika als routinierte Plätzchenbäckerin immer exakt 40 Sterne auf ein Backblech platziert, betragen die variablen Zimtsternmaterialkosten 0,16 Euro (16 Cent).

Was die zeitlichen Produktionsstückkosten betrifft, zeigt eine Zeitaufnahme, dass Monika für das Ausstechen, Platzieren und Bestreichen pro Stern insgesamt 15 Sekunden benötigt. Für die monetäre Bewertung ihrer Arbeitszeit orientiert sich Monika in ihrer Bescheidenheit am Mindestlohn, den die Deutsche Post für ihre Postboten ausgehandelt hat (9 Euro Stundenlohn). Dementsprechend sind für die viertelminütige Zimtsternarbeit 3,75 Cent anzusetzen.

Die Stromkosten pro Blech lassen sich rechnerisch leicht ermitteln, indem man die Kilowattleistung des Backofens mit der Backzeit und dem Kilowattstundenpreis multipliziert (2,4 kW x 0,4 Stunden x 0,15 Euro = 0,144 Euro). Dies entspricht Zimsternstromstückkosten von 0,144/40 = 0,0036 Euro oder 0,36 Cent.

Fasst man die variablen Zimtsternmaterialstückkosten, die zeitlichen Produktionsstückkosten und die Zimtsternstromstückkosten zusammen, belaufen sich die variablen Zimtsternselbstbackkosten auf insgesamt 0,2011 Euro (0,16 + 0,0375 + 0,0036).

Für die zeitlichen Rüstkosten der Vor- und Nachbereitung setzt Monika vier Zeitstunden an, die kalkulatorisch wiederum mit dem Mindestlohn berechnet werden, sodass 36,00 Euro zu Buche stehen.

Dementsprechend lautet Monikas Plätzchenselbstbackkostenfunktion ($K_{sb}$):

(1) $K_{sb} = 36 + 0,2011$ ZS (Zimtsterne)

Nun ist der Blick auf die gekauften Plätzchen zu lenken. Vergleichbar gute Plätzchen werden vom Discounter nicht angeboten, sondern sind nur in einer Konditorei erhältlich. Hier werden sie in Beuteln mit 10 Zimtsternen zu einem Preis von 3,00 Euro verkauft. Die variablen Stückkosten belaufen sich somit auf 30 Cent. Fixe Kosten der Beschaffung sind nicht zu berücksichtigen, da sich keine entscheidungsrelevanten Unterschiede zur Einkaufssituation von Materialien im Falle des Selbstbackens ergeben.

Dementsprechend lautet die Kostenfunktion von gekauften Keksen ($K_{gk}$):

(2) $K_{gk} = 0,30$ ZS

Nun gilt es, die kritische Plätzchenmenge zu berechnen, bei der die Kosten von „make" or „buy" gleich sind.

Graphisch ergibt sich der in Abbildung 7 dargestellte Zusammenhang. Liegt der zu erwartende Plätzchenverbrauch unter der kritischen Menge (KM) von 364, so ist es günstiger, die Kekse zu kaufen. Liegt er über dem kritischen Niveau, so ist das Selberbacken vorzuziehen.

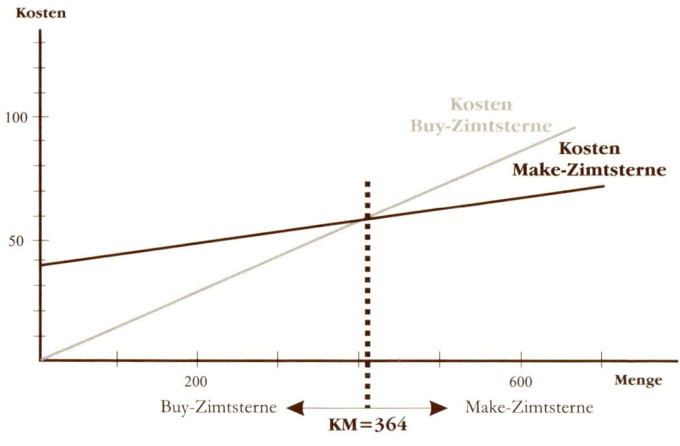

Abbildung 7: Kostenvergleich Make-or-Buy-Zimtsterne

Monika geht davon aus, dass Eric und Lukas jeweils 160 Zimtsterne essen werden und Hanna 80 vertilgt. Da sie selbst beschlossen hat, diesmal nur Dominosteine und Marzipankartoffeln zu naschen und auf Plätzchen ganz zu verzichten, sind somit insgesamt 400 Plätzchen erforderlich.

Da die kritische Menge von 364 Zimtsternen klar überschritten wird, ist die „Make"-Alternative eindeutig günstiger. Monika muss also weiterhin Plätzchen backen.

Sollte ihr dieses Ergebnis allerdings nicht passen, hat Monika verschiedene Möglichkeiten der Revision. Sie könnte zum Beispiel die beim Plätzchenkauf eingesparten Rüst- und Produktionskosten als Besinnungszeitgewinne interpretieren und von den Kosten der gekauften Kekse abziehen. Oder aber sie erhöht sich ihren Mindestlohn. Gibt sich Monika beispielsweise einen fiktiven Stundenlohn von 12 Euro, verschiebt sich die kritische Menge auf 416,67 Plätzchen und sie kann ohne Skrupel zur Buy Alternative übergehen. Macht sie von beiden Manipulationen Gebrauch, stellt Selberbacken überhaupt keine ernst zu nehmende Alternative mehr dar.

# 6. Weihnachtskarten-Portfolioanalyse

## Das Problem

Ein besonderer Stress in der Weihnachtszeit ist das Schreiben von Weihnachtskarten, was als ein wesentliches Moment der Beziehungspflege anzusehen ist. Allerdings kostet das Schreiben von Weihnachtskarten Zeit und Geld, und es ist keineswegs sicher, ob sich diese Investition in die Beziehung in jedem Fall lohnt. Möglicherweise verschicken wir leichtfertig Karten an Personen, nur weil wir von diesen im letzten Jahr eine erhalten haben oder weil diese uns durch besonders frühzeitige Verschickung einer Karte in Zugzwang bringen. Reine Ressourcenverschwendung! Eventuell gibt man sogar durch eine Weihnachtskarte dem Empfänger einen Anlass, eine bewusst erkaltete Beziehung wieder zu erwärmen, was weitere unerwünschte Folgeinvestitionen stimuliert, also eine besondere Ressourcenverschwendung darstellt. Andererseits ist es auch denkbar, dass wichtige Beziehungen dadurch geschwächt oder gar gefährdet werden, dass die verschickte Karte als geschmacklos bzw. zu wenig individuell und unpersönlich empfunden wird (etwa, wenn nur der Kartenaufdruck „Merry Christmas" durch eine kaum lesbare Unterschrift ergänzt wird). Um solche Probleme zu vermeiden und zugleich die potenziell ertragreichen, also wertvollen Beziehungen durch das Bindungsinstrument Weihnachtskarte zu stärken, bedarf es eines systematischen Planungsansatzes.

## Die Lösung

Das methodische Lösungsinstrumentarium bietet die Portfoliomethode, die seit vielen Jahren erfolgreich im Rahmen der strategischen Produktplanung eingesetzt wird[5] und in

---

5  Vgl. Welge, M. K./Al-Laham, A. (2008): Strategisches Management, 5. Aufl., Wiesbaden, S. 461ff.

jüngster Zeit im Kontext des betriebswirtschaftlichen Kundenbeziehungsmanagements ein weiteres Anwendungsfeld gefunden hat. Hier werden Kunden als Investitionsobjekt begriffen und dementsprechend wird empfohlen, in Kundenbeziehungen nur in dem Umfang zu investieren, wie dies unter Beachtung des langfristigen Kundenwertes (Customer Lifetime Value: CLTV) ökonomisch sinnvoll erscheint. Konsequenterweise werden Beziehungsportfolios entwickelt, die eine Differenzierung der Betreuungsqualität entsprechend des Beziehungswertes der Kunden ermöglichen.[6]

Diese Überlegungen sind unmittelbar auf das strategische Freundschaftsmanagement zu übertragen und für die Lösung des Weihnachtskartenproblems nutzbar zu machen. Aufgrund knapper zeitlicher, materieller und emotionaler Ressourcen ist keiner in der Lage, unbegrenzt enge freundschaftliche Beziehungen einzugehen und zu pflegen. Hier hilft die so genannte Love-Portfolio-Analyse, die vorhandenen Ressourcen planvoll in lohnende freundschaftliche Beziehungen zu investieren.

Das grundlegende Vorgehen der strategischen Love-Portfolio-Analyse besteht darin, die Chancen und Risiken von Freunden, Kollegen usw. − kurz: Strategischen Beziehungseinheiten (SBE) − abzuschätzen. In der einfachsten Variante erfolgt dies in dem klassischen Vier-Felder-Love-Portfolio anhand einer Matrix, deren Dimensionen aus dem Love-Wachstum und dem relativen Love-Anteil gebildet werden. Im Love-Wachstum wird die Entwicklung des langfristigen Wertes der Freundschaftsbeziehung zum Ausdruck gebracht. Der relative Love-Anteil stellt die Relation des eigenen Love-Anteils im Verhältnis zum stärksten Konkurrenzfreund oder in Relation zu den drei stärksten Konkurrenzfreunden dar.

---

6  Vgl. u.a. Köhler, R. (2008): Kundenorientiertes Rechnungswesen als Voraussetzung des Kundenbindungsmanagements, in: Bruhn, M./Homburg, C. (Hrsg.): Handbuch Kundenbindungsmanagement, 6. Aufl., Wiesbaden, S. 482ff.

Strategische Beziehungseinheiten werden nach ihrer Einordnung in die Matrix sehr plastisch als Stars, Question Marks, Card Cows und Dogs bezeichnet (siehe Abbildung 8).

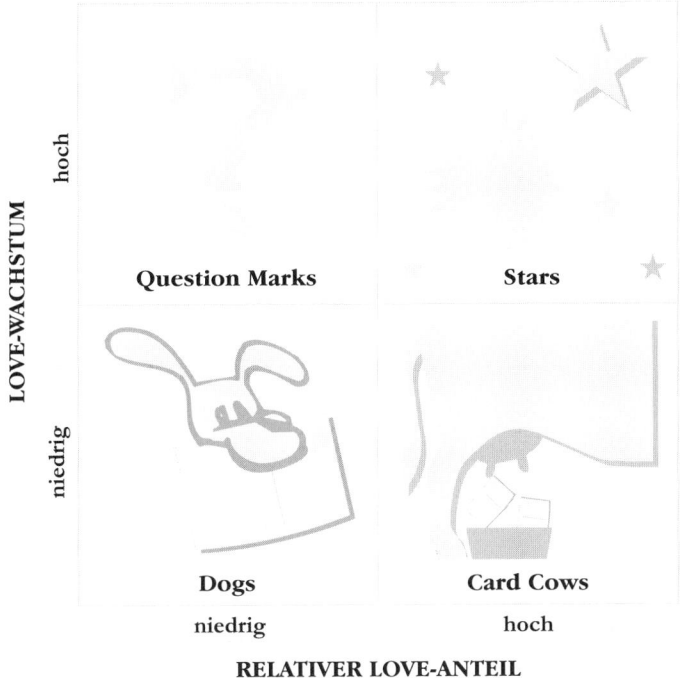

Abbildung 8: Grundmodell des Love-Portfolios[7]

Die *Stars* befinden sich in einer Situation hohen Love-Wachstums bei zugleich hohem relativem Love-Anteil. Hier gilt es, mit Hilfe einer Wachstumsstrategie den Love-Anteil zu halten bzw. leicht auszubauen. Dies erfordert das Verschicken von Weihnachtskarten, denen man auf den ersten Blick

---

7  Stauss, B. (1992): Strategisches Weihnachtskartenmanagement, in: Anders, P. E. (Hrsg.): Betriebswirtschaftslehre humoris causa, 2. Aufl., Wiesbaden, S. 72.

den hohen materiellen und/oder zeitlichen Einsatz ansieht, und eine auf das Erlebnisprofil der Zielperson punktgenau abgestimmte Auswahl der Bildmotive. Das erfolgt sinnvoller Weise auf der Basis einschlägiger Kundentypologien (wie „Weihnachtsmilieus in Deutschland" bzw. „Typologie der Weihnachtsemotionen").

Die *Question Marks* stellen Beziehungen in der Einführungs- bzw. frühen Wachstumsphase dar. Der Netto-Card-Flow ist in der Regel stark negativ. Prinzipiell ist es für die Sicherstellung zukünftig ertragreicher Freundschaftsbeziehungen sinnvoll, den Love-Anteil mit Hilfe von offensiven Kartenverschickungsstrategien zu steigern.

*Card Cows* sind die SBEs, mit denen man die Wachstums- und Reifephase einer Freundschaftsbeziehung durchlebt. In diese Freunde muss aufgrund der gegenseitigen Bindung nur insoweit investiert werden, als dies zur Erhaltung des Love-Anteils notwendig ist.

Die *Dogs* sind Beziehungseinheiten, die sowohl ein niedriges Love-Wachstum als auch einen niedrigen relativen Love-Anteil aufweisen. Hier liegt die Desinvestitionsstrategie des Kartenschreiben-Verzichts nahe. Nur wenn ein Abbruch jeder Beziehung forciert werden soll, sind Maßnahmen zu ergreifen. Als geeignetes Instrument zum Beziehungsabbruch hat es sich erwiesen, die Annahme von Weihnachtskarten von SBEs dieses Segments zu verweigern. Letztere Verhaltensweise sollte allerdings nur im Ausnahmefall ergriffen werden. Denn der Empfang von Weihnachtskarten, die nicht beantwortet werden, führt zu einem Card-Flow-Überschuss an wieder verwendbaren Karten, die zum Aufbau von Nachwuchsbeziehungen und zur Zufriedenstellung der Star-Freunde verwendet werden können.

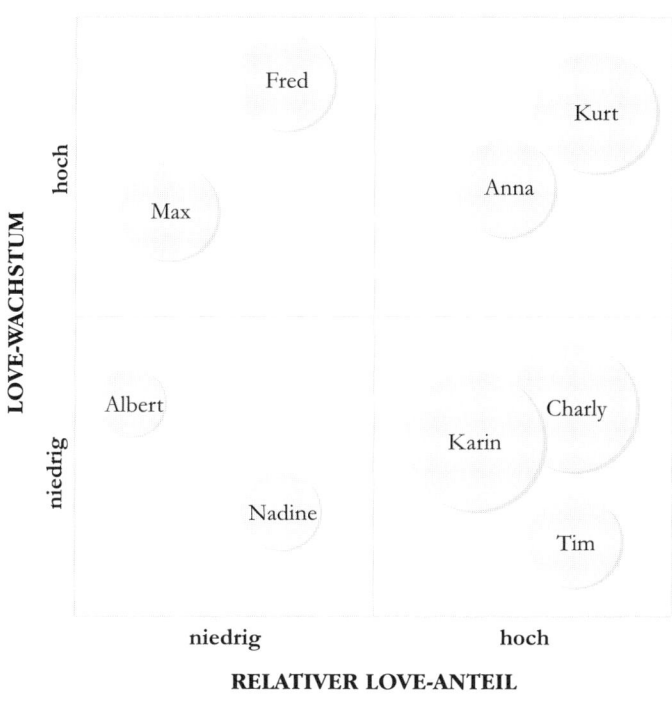

Abbildung 9: Das Love-Portfolio der Gutenburgs

Mit Hilfe des Love-Portfolios lassen sich nun die Freunde der Familie Gutenburg leicht in die Matrix einordnen, wobei die Größe der Kreise den jeweiligen Umfang des Beziehungswertes ausdrückt. Wie Abbildung 9 zeigt, gehören Anna und Kurt zu den Stars. Hinter Fred und Maximilian sind Fragezeichen zu setzen (Question Marks). Charley, Tim und Karin sind die Card Cows und Albert und Nadine gehören zu den Dogs.

Damit ist klar, wie die optimale Weihnachtskartenverschickungsaktion für die Gutenburgs auszusehen hat. Zielsegmentgerecht erhält Anna die selbstgebatikte Karte vom Waldorf-Bazar und Freund Kurt die religiös neutrale und politisch total korrekte „Season Greeting"-Card. Durch eigenhändig geschriebene Formulierungen der Weihnachtsgrüße wird Beziehungskenntnis und Wertschätzung klar zum Ausdruck gebracht. Zudem werden diese Karten bereits um den 10. Dezember verschickt, um die eigene Initiative beim Kartenaustausch zu betonen.

Bei Fred und Maximilian soll der Versuch gemacht werden, sie zu Stars zu entwickeln. Deshalb wählen die Gutenburgs eine analoge Strategie. Sie versuchen, eine beziehungssteigernde Begeisterung dadurch zu erreichen, dass das Kartenmotiv relationsgerecht ausgesucht wird. So erhält Fred die Unicef-Karte, um das gemeinsame Engagement für den guten Zweck zu betonen; und Maximilian bekommt die Kartenvariante von Gerard van Honthorsts „Anbetung der Hirten" aus dem Kölner Wallraf-Richartz-Museum, was als geglückter Hinweis auf die innige und kunstsinnige Verbundenheit von Kartensender und -empfänger zu verstehen ist.

Charly, Tim und Karin sind uralte Freunde. Die Beziehungen sind stabil und durch Weihnachtskarten nicht nachhaltig positiv oder negativ zu beeinflussen. Deshalb reicht in der Regel eine Standardkarte mit vorgedrucktem „Frohes Fest", gegebenenfalls noch ergänzt um „und ein gutes neues Jahr". Eric entscheidet sich, jeweils auch noch den Textbaustein „und ich hoffe, dass wir uns im nächsten Jahr einmal wieder sehen" hinzuzufügen.

Die Armen Hunde, Albert und Nadine, werden unterschiedlich behandelt. Albert bekommt überhaupt keine Karte. Nadine soll nach einem Disput im letzten Jahr von Monika abgestraft werden. Deshalb schickt sie ihr eine der geschmacklosen Karten, die ihr selbst kostenlos und unaufgefordert von einer Bettelorganisation zugesandt wurde. Zudem schreibt sie in das Feld, auf das eigentlich eine Briefmarke zu kleben wäre: „Porto-zahlt-Empfänger".

Die Love-Portfolio-Analyse hat den Gutenburgs somit zu einer in mehrfacher Hinsicht wunderbaren Problemlösung verholfen: (Potenziell) wertvolle Freundschaftsbeziehungen werden gestärkt, wertlose vernachlässigt und die knappen vorweihnachtlichen Ressourcen für die Weihnachtspost beziehungseffizient eingesetzt.

# 7. Optimale Zusammensetzung des Strohsternsortiments

## Das Problem

uch das ist jedes Jahr dasselbe. Immer will und muss man zeigen, dass man sich gerade zu Weihnachten für einen guten Zweck engagiert. Eine besonders beliebte und im sozialen Umfeld sichtbare Möglichkeit bieten die Weihnachtsbazare, die von allen Kirchengemeinden und jedem zweiten Verein veranstaltet werden. Auch die Gutenburgs sind hier regelmäßig aktiv. Ihr Angebot besteht aus Strohsternen, die sie in zwei bewährten Varianten produzieren und auf dem traditionellen Bazar am 3. Advent zu unterschiedlich hohen Preisen verkaufen.

Dabei ist der Absatz durchaus zufriedenstellend, denn die Strohsterne haben den USP (Unique Selling Proposition), dass sie unübersehbar den Charme von Selbstgemachtem haben. Als problematisch dagegen erweist sich im Vorfeld die Produktion, insbesondere der zeitliche Ressourceneinsatz. Eigentlich sollten sich alle Familienmitglieder an der Strohsternproduktion beteiligen. Allerdings hat Eric bereits nachhaltig seine diesbezügliche Talentlosigkeit bewiesen, sodass nur Monika, Hanna und Lukas als Produzenten in Frage kommen. Auch diese drei sind in unterschiedlichem Maße mit Strohsternbastel-Geschicklichkeit gesegnet und zudem nur in begrenztem Maße bereit, ihre zeitlichen Ressourcen für die Sternproduktion einzusetzen. Insbesondere Lukas hat – wie er sagt – wenig Zeit. Daher besteht das zentrale Problem darin, die zur Verfügung stehenden Bastelressourcen so einzusetzen, dass tatsächlich ein erlösoptimales Strohstern-Sortiment auf dem Weihnachtsbazar angeboten werden kann.

## Die Lösung

Dieses Problem ist in wenigen Minuten mit Hilfe der simplen Simplex-Methode zu lösen.[8]

Die Gutenburgs wissen genau, mit welchen Preisen sie die Sterne auszeichnen müssen, damit der Verkauf gesichert ist: Die kleinen Sterne, die 12 Zacken und einen Durchmesser von 8 cm haben, können sie zu 50 Cent verkaufen. Demgegenüber ist es möglich, für die großen Sterne mit einem Durchmesser von 28 cm und goldigem Glittereffekt 2 Euro zu verlangen.

Da die Gutenburgs wegen des guten Zwecks der Strohsternerstellung die eigenen Produktionskosten vernachlässigen, ergibt sich für sie folgende zu maximierende **Strohstern-Erlösfunktion** (E):

(1) $E = 0{,}5 \star + 2 \; \star \rightarrow$ max!

Allerdings sind die Zeitrestriktionen der familiären Produktionsfaktoren zu beachten. Monika ist immerhin bereit, 20 Stunden (1.200 Minuten) zum Basteln zur Verfügung zu stellen; Hanna lässt sich zu einem Einsatz von 12,5 Stunden (750 Minuten) überreden, Lukas verweigert allerdings spätestens nach 3 Stunden (180 Minuten) die Mitarbeit.

In den Vorjahren hat es sich als besonders effizient herausgestellt, dass Monika und Hanna arbeitsteilig vorgehen. Monika spezialisiert sich auf das Zuschneiden, während Hanna eine große Geschicklichkeit im Zusammenbinden entwickelt hat.

---

8 Vgl. Müller-Merbach, H. (1973): Operations Research, Methoden und Modelle der Optimalplanung, München, S. 96ff.

Zur Produktion eines kleinen Strohsterns benötigt Monika 10 Minuten zum Zuschneiden der Strohhalme und Hanna 5 Minuten für das Zusammenbinden.

Für die Erstellung eines großen Sterns mit Goldglitter braucht Monika 20 Minuten für das Zuschneiden und Hanna 15 Minuten für das Zusammenbinden. Lukas' Aufgabe ist die Verglitterung der großen Sterne. Er benötigt dazu im Durchschnitt nur 5 Minuten.

Dementsprechend lauten die **Strohsternkapazitätsrestriktionen**

(2) $10 \star + 20 \, ☆ \leqslant 1200$ (Monika)

(3) $5 \star + 15 \, ☆ \leqslant 750$ (Hanna)

(4) $5 \, ☆ \leqslant 180$ (Lukas)

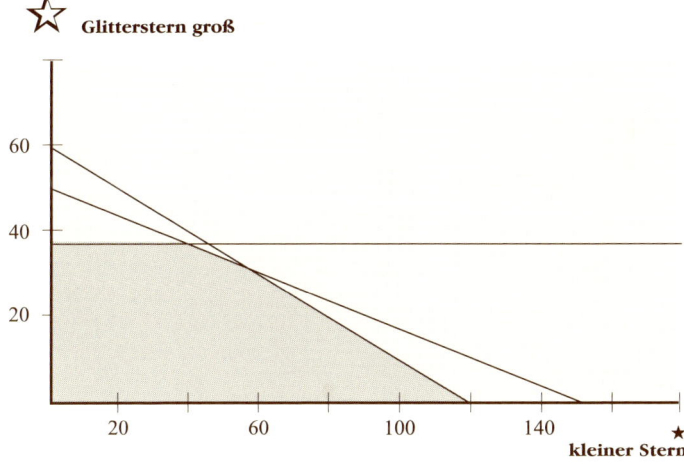

Abbildung 10: Menge zulässiger Strohsternkombinationen

Diese Strohsternkapazitätsrestriktionen sind in Abbildung 10 eingezeichnet. Das schraffierte Feld zeigt den zulässigen Strohsternbereich an. So begrenzt Lukas' Zeiteinsatz von 180 Minuten die maximale Anzahl von großen Glittersternen auf 36, Monikas zeitliche Restriktionsfunktion schränkt die maximale mögliche Zahl kleiner Sterne auf 120 ein.

Doch wo liegt die erlösoptimale Sternenkombination? Um diese Frage graphisch zu beantworten, verschiebt man die Erlösfunktion an den Rand des zulässigen Strohsternbereichs. Diese Verschiebung wird in Abbildung 11 dargestellt. Im dem Punkt, in dem die Erlösfunktion den Zulässigkeitsbereich tangiert, liegt der erlösoptimale Punkt. Er ist in Abbildung 11 mit O (Optimalpunkt) eingezeichnet.

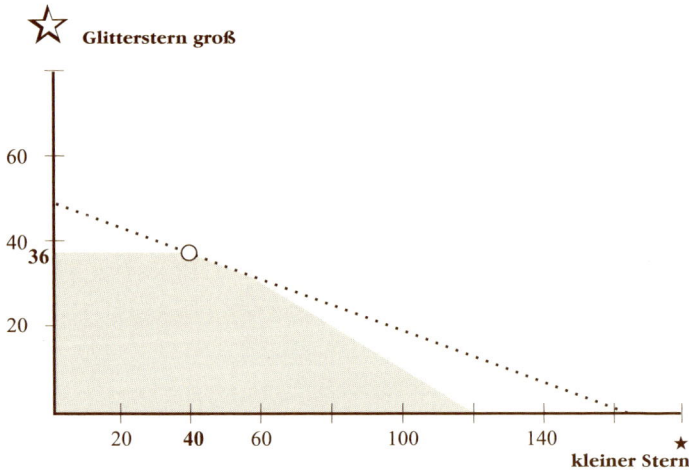

Abbildung 11: Optimale Strohsternkombinationen

Wie unmittelbar ersichtlich ist, wird die erlösoptimale Lösung erreicht, wenn 40 kleine Sterne (*) und 36 Glittersterne (☆) produziert werden.

Damit steht auch der monetäre Bastelerfolg fest. Setzt man nämlich die Werte der optimalen Sternemengen in die Erlösfunktion ein, ergibt sich:

(5) $E = 0,5 \times 40 + 2 \times 36$

(6) $E = 92$

Die Gutenburgs nehmen somit 92 Euro ein. Damit können sie schon einen netten Beitrag für das pompöse Unicef-Gebäude in Köln leisten.

Um im nächsten Jahr noch einen höheren Betrag zu erwirtschaften, diskutiert Familie Gutenburg jetzt, ob die Kapazität erweitert bzw. die Arbeitsgeschwindigkeit erhöht werden kann. Zur Kapazitätserweiterung steht der Vorschlag im Raum, Erics Talentlosigkeit nicht weiter zu akzeptieren und ihn im Spätherbst einen Glitterkurs bei der Volkshochschule besuchen zu lassen. Auf diese Weise ließe sich der Engpass bei den großen Sternen beheben. Zur Erhöhung der Produktivität will man prüfen, ob man den Weg zur Strohsternmanufaktur gehen und gegebenenfalls einen günstigen Strohsternbindeapparat erstehen soll. Man einigt sich darauf, spätestens zu Erntedank einen entsprechenden Kontinuierlichen Verbesserungsprozess (KVP) einzuleiten.

## 8. Geschenkebudgetierung

### Das Problem

ine nicht nur bei der Familie Gutenburg meist erst zu spät gestellte Frage ist: Was darf die weihnachtliche Geschenkemenge eigentlich insgesamt kosten? Im Nachhinein stellen viele fest, dass das Konto ungeplant und unglaublich überzogen wurde. Zugleich besteht ein hohes Maß an Unsicherheit, ob die Ausgaben für die Geschenke für alle Geschenkeempfänger überhaupt optimal im Sinne der erreichten bzw. potenziell erreichbaren Weihnachtszufriedenheit waren. Insofern bedarf es einer Vorgehensweise, mit deren Hilfe verhindert werden kann, dass Weihnachten aufgrund überzogener und ineffektiver Mittelverwendung zu einem finanziellen Desaster führt.

### Die Lösung

Der Ansatz zur Problemlösung ist die Budgetierung (Budgeting). Das Geschenkebudget ist ein in monetären Größen formulierter Plan, der für Geschenke mit einem bestimmten Verbindlichkeitsgrad festgelegt wird und somit die wichtigste monetäre Zielgröße für Weihnachtsgeschenke-Ausgaben beinhaltet. Hinsichtlich des Verbindlichkeitsgrads können Budgets danach differenziert werden, ob sie eine absolute Ober- bzw. Untergrenze oder lediglich eine Orientierungsgröße vorgeben.[9] Für Geschenkebudgets hat es sich herausgestellt, dass negative finanzielle Überraschungen nur vermieden werden können, wenn eine starre Obergrenze fixiert wird.

---

9 Vgl. Reinecke, S./Janz, S. (2007): Marketingcontrolling, Stuttgart, S. 129.

Ein so definiertes Geschenkebudget hat folgende wesentliche Funktionen:[10]

1. Orientierungsfunktion:
Verpflichtung der Familienmitglieder auf die Einhaltung eines bestimmten Finanzrahmens.

2. Koordinations- und Integrationsfunktion:
Zielgerichtete Allokation der knappen familiären Finanzressourcen.

3. Motivationsfunktion:
Förderung der Motivation der budgetierten Familienmitglieder durch ihre Beteiligung an der Budgetfeststellung und der Gewährung von Handlungsspielräumen.

4. Kontrollfunktion:
Nutzung der monetären Geschenkebudgetvorgaben zur Kontrolle und Überwachung, gegebenenfalls verbunden mit der Durchführung von Abweichungsanalysen.

Mit Hilfe der Budgetierung sind zwei wesentliche Fragen zu beantworten: Wie hoch soll eigentlich das Geschenkebudget ausfallen („investment level") und wie ist dieses Budget aufzuteilen („investment allocation")?

Hinsichtlich des Prozesses der Budgetierung werden in der betriebswirtschaftlichen Literatur drei klassische Vorgehensweisen unterschieden[11], wobei der Eindruck erweckt wird, als könnten sie beide Budgetierungsprobleme zugleich lösen:

10  Vgl. Steinmann, H./Schreyögg, G. (2005): Management, 6. Aufl., Wiesbaden, S. 393.
11  Becker, J. (2006): Marketing-Konzeption, 8. Aufl., München, S. 769.

(1) Bei der **Top-Down-Methode** (bzw. dem „retrogradem" Ansatz) verläuft der Planungsweg von oben nach unten. Das heißt die Familienleitung macht den untergeordneten Familienmitgliedern Vorgaben, die von diesen einzuhalten sind. Diese Vorgehensweise ermöglicht strategiegerechte Lösungen und vermeidet zeitintensive Abstimmungsprozesse. Allerdings besteht die Gefahr mangelnder Akzeptanz der Planvorgaben und negativer Auswirkungen auf die Weihnachtszufriedenheit.

(2) Bei der **Bottom-Up-Methode** (der so genannten „progressiven" Methode) verläuft die Budgetierung von unten nach oben. Hier machen Frau und Kinder (bzw. diejenigen, die in der Familienhierarchie dem „bottom" zugeordnet werden) Vorschläge, die dann mit dem übergeordneten Familienoberhaupt abzustimmen sind. Der Vorteil dieser Vorgehensweise liegt in dem Einbezug des Wissens der Betroffenen, einer höheren Akzeptanz der Plangrößen und einer verstärkten Motivation der budgetierten Familienmitglieder aufgrund ihrer Beteiligung. Allerdings sind hier die Nachteile eines erhöhten Abstimmungsbedarfs und des möglichen Einbaus von budgettreibenden „Puffern" in Kauf zu nehmen.

(3) Angesichts der verschiedenen Vor- und Nachteile wird in der Regel empfohlen, beide Verfahren im so genannten Gegenstromverfahren miteinander zu kombinieren. Dem kann hier nur bedingt gefolgt werden. Um zu verhindern, dass sich die Nachteile der beiden Vorgehensweisen addieren, wird folgende einfach zu praktizierende Variante vorgeschlagen: Die Familienleitung sollte aufgrund des bereits eigenständig festgelegten Gesamtbudgets eine Aufteilung des Budgets auf die Familienmitglieder vornehmen. Dabei erscheint es sinnvoll, einen Vorschlag für die Einzelbudgets zu machen, der mindestens 20 Prozent unter dem tatsächlich geplanten Betrag liegt. Sollten die budgetierten Familienmitglieder das zugewiesene Budget als unzureichend ansehen,

kann sich die Familienleitung bis zum zuvor intern festgelegten Betrag nachgiebig zeigen und den Familienmitgliedern den vermeintlichen Verhandlungserfolg gönnen.

Allerdings wird bei der Beschreibung der Vorgehensweise verschwiegen, wie denn genau die Familienleitung zur Festlegung der absoluten Höhe des Geschenkebudgets kommt und was sie zu ihrem Vorschlag der Verteilung veranlasst hat. Insofern wird eigentlich nur ein Verfahren der innerfamiliären Abstimmung und Durchsetzung beschrieben, ohne dass die eigentlichen Budgetierungsprobleme gelöst würden. Insofern ist nach weiteren Entscheidungshilfen für (1) die Budgethöhe („investment level") und (2) für die Budgetaufteilung („investment allocation") Ausschau zu halten.

**Festlegung des Investment Level**

Für die Festlegung der absoluten Höhe des Geschenkebudgets liefert die Betriebswirtschaftslehre einfache und anschauliche Optimierungsmethoden.

Für die besonders praktikable marginalanalytische Methode müssen nur ein paar grundlegende Dinge bekannt sein, beispielsweise der funktionale Zusammenhang zwischen Geschenkemenge und Zufriedenheitsniveau sowie zwischen Geschenkemenge und Geschenkekosten.

Die Vorgehensweise wird in Abbildung 12 demonstriert.[12] In Bezug auf die Geschenkekostenfunktion (GK) wird davon ausgegangen, dass die Geschenkekosten proportional zur Geschenkemenge steigen, d.h. die Grenzkosten einer zusätzlichen Geschenkeeinheit konstant sind.

---

12  Vgl. analog Wöhe, G./Döring, U. (2008): Einführung in die Allgemeine Betriebswirtschaftslehre, 23. Aufl., München, S. 442.

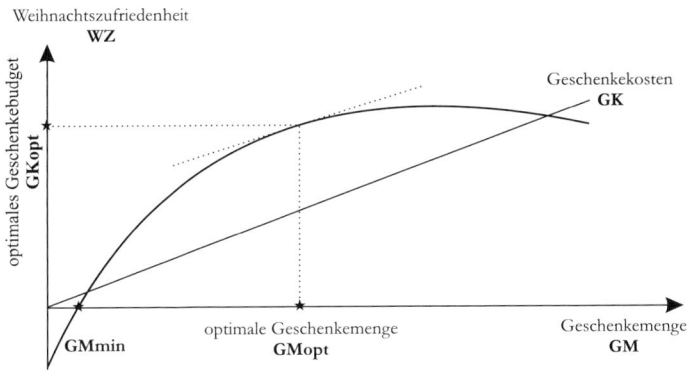

Abbildung 12: Optima für Geschenkebudget und Geschenkemenge

Darüber hinaus wird in die Abbildung die Weihnachts-zufriedenheitsfunktion (WZ) eingezeichnet, die deutlich macht, wie sich das Zufriedenheitsniveau der Geschenke-empfänger mit zunehmender Geschenkemenge verändert. Im Nullpunkt werden keine Geschenke gemacht und die Zufriedenheit fällt negativ aus (Unzufriedenheit). Erst ab einer gewissen Geschenkemenge $GM_{min}$ wird das Null-Zufriedenheitsniveau erreicht. Der degressive Anstieg der Weihnachtszufriedenheitsfunktion zeigt, dass die zufrieden-heitsrelevante Wirkung von Geschenken mit zunehmender Geschenkemenge abnimmt, die Grenzzufriedenheitserträge mit jedem zusätzlichen Geschenk also geringer werden. Den Abstand zwischen der Weihnachtszufriedenheitsfunktion und der Geschenkekostenfunktion erreicht seinen maxima-len Wert bei der Geschenkemenge $GM_{opt}$. Vor diesem Punkt sind die Grenzzufriedenheitserträge einer zusätzlichen Geschenkeeinheit größer als die Geschenkegrenzkosten, danach übersteigen die Geschenkegrenzkosten die zufrie-denheitsbezogenen Geschenkegrenzerträge.

Insofern liegt mit $GM_{opt}$ die optimale Geschenkemenge vor, die dazugehörige Kosten $GK_{opt}$ stellen den absoluten Wert des optimalen Geschenkebudgets dar.

Das kleine verbleibende Problem ist nur, dass man keinerlei Aussagen über den Verlauf der Weihnachtszufriedenheitsfunktion machen kann. Es sind auch ganz andere, beispielsweise progressive oder S-förmige Kurvenverläufe in beliebiger Höhe denkbar. Zudem ist nicht sichergestellt, dass überhaupt die Mittel für das als optimal errechnete Budget aufzubringen sind. Insofern ist der vorgestellte theoretische Ansatz vielleicht nicht für jeden praktizierbar. Leider hilft hier auch die praxisorientierte Wendung dieses theoretischen Konzeptes wenig, die unter der großspurigen Bezeichnung „Ziel- und aufgabenorientierte Methode" („objective-and-task-method") firmiert. Sie besagt im Wesentlichen, man solle das Budget in der Höhe festlegen, dass die Ziele effektiv erreicht werden. Da aber weder in der Forschung noch in praktischen Fallstudien empirische Aussagen zu familiären Reaktionsfunktionen vorliegen, die die Abhängigkeit der Geschenkezufriedenheit von Budgetvariationen aufzeigen, muss man sich mit einfacheren, wenn auch theoretisch unbefriedigenden Alternativen begnügen.

Hier werden in der Literatur immer wieder die gleichen Verfahren präsentiert, die im Folgenden in Anwendung auf das Geschenkebudget diskutiert werden:[13]

(1) Bei der **Fortschreibungsmethode** orientiert man sich an der Vorperiode. Hat man im letzten Jahr beispielsweise 500 Euro ausgegeben, plant man für dieses Jahr 500 Euro plus 5 Prozent Anspruchssteigerung und Inflationsausgleich. Leider wird bei einer solchen Vorgehensweise nicht beachtet, dass man sich die 500 Euro schon im letzten Jahr nicht leisten konnte.

---

13 Homburg, C./Krohmer, H. (2006): Marketingmanagement, 2. Aufl., Wiesbaden, S. 772f.

(2) Bei der **wettbewerbsorientierten Methode** („competetive-parity-method") orientiert man sich an den Budgets der Wettbewerber. Zwar ist nicht völlig klar, wer in Bezug auf die Geschenkebudgets genau zum Kreis der Wettbewerber zählt, aber sehr häufig wird in entsprechenden vorweihnachtlichen Planungsgesprächen sehr deutlich von interessierter Seite eingebracht, was andere Männer ihren Frauen schenken oder alle anderen Kinder aus der Klasse ganz sicher bekommen. Da man aber über keine realen Wettbewerbsdaten verfügt und man sich nicht auf die interessengeleiteten und vielfach nach oben manipulierten Angaben von Betroffenen verlassen kann, erscheint diese Vorgehensweise ebenfalls nicht empfehlenswert.

(3) Auf der Grundlage der **Prozentmethode** („percentagemethod") erfolgt die Bestimmung des Geschenkebudgets als Prozentsatz des verfügbaren Einkommens. Das ist ein einfacher und schnell realisierbarer Ansatz und sichert in nahezu jedem Fall die Finanzierbarkeit. Allerdings ist das Problem nicht gelöst, weil keine Aussagen über die Höhe des Prozentsatzes gemacht werden. Bei einer Variationsbreite des Prozentsatzes von 0 – 100 sind extreme Fehlentscheidungen möglich.

(4) So bleibt eigentlich nur der **finanzkraftorientierte Ansatz** („all-you-can-afford-method"). Er besteht darin, das Budget nach den verfügbaren Finanzressourcen auszurichten. Das Geschenkebudget wird dann unter Berücksichtigung des monatlichen Familieneinkommens, des Weihnachtsgeldes und angesparter Weihnachtsreserven unter Abzug aller anderen zu erwartenden Ausgaben bestimmt. Es gibt natürlich Menschen – und Eric gehört dazu – die sowieso versucht hätten, mit dem auszukommen, was sie haben. Aber erst wenn man auch weiß, dass diese Vorgehensweise den wissenschaftlichen Titel „all-you-can-afford-method" trägt, können auch diese sicher sein, auf dem richtigen, weil betriebswirtschaftlich abgesicherten Weg zu sein.

## Festlegung der Investment Allocation

Nachdem nun die Höhe des Geschenkebudgets feststeht, gilt es, diesen Betrag auf die verschiedenen Familienmitglieder zu verteilen. Wieviel Geld wird für Monika und die Kinder ausgegeben? Wieviel soll Monika für Eric investieren?

Auch für diese Frage hat die betriebswirtschaftliche Theorie eine schnelle Antwort und liefert mit der in der ökonomischen Literatur so besonders beliebten Marginalanalyse das methodische Instrument zur Erreichung der Weihnachtszufriedenheit.

Es ist davon auszugehen, dass die familiäre Weihnachtszufriedenheit (WZ) eine Funktion des eingesetzten Geschenkebudgets (B) ist:

(1) $WZ = f(B)$

Da das Gesamtbudget auf die Budgets für alle vier Familienmitglieder aufgeteilt werden muss, kann man die Weihnachtszufriedenheitsgleichung auch folgendermaßen schreiben:

(2) $WZ = f(B_1, B_2, B_3, B_4)$

mit $B_1$ = Ericbudget, $B_2$ = Monikabudget, $B_3$ = Hannabudget und $B_4$ = Lukasbudget.

Diese Funktion ist dann maximiert, d.h. die optimale Budgetkombination ist erreicht, wenn gilt:

$$(3) \quad \frac{\delta WZ}{\delta B_1} = \frac{\delta WZ}{\delta B_2} = \frac{\delta WZ}{\delta B_3} = \frac{\delta WZ}{\delta B_4} = 0$$

Dies bedeutet, dass die Grenzweihnachtszufriedenheiten der einzelnen Budgets einander entsprechen und gleich Null sein müssen. Durch eine Budgetveränderung ist dann keine zusätzliche Weihnachtszufriedenheit zu erreichen.[14]

Eric scheut die im Prinzip nicht große Mühe, die Grenzraten der Weihnachtszufriedenheit zu ermitteln, und verzichtet daher auf eine exakte Lösung des Allokationsproblems. Er zieht stattdessen die Erkenntnisse der Konsumentenforschung heran. Diese hat in Bezug auf das weihnachtsspezifische Konsumverhalten herausgefunden, dass das familiäre Schenkverhalten klar definierten (wenn auch nicht jedem bewussten) Normen folgt. Zu diesem umfangreichen Normensystem gehören beispielsweise folgende Regeln:[15]

- Der Wert der Geschenke für den Ehepartner muss höher sein als der Einzelwert aller anderen Geschenke.

- Der Wert des Geschenks des Ehemannes für die Ehefrau kann größer sein als der Wert des Geschenks der Ehefrau für den Ehemann.

- Der Wert der Geschenke an die Kinder soll geringer sein als der Wert der Geschenke für die Ehepartner, aber höher als der Wert sonstiger Geschenke.

- Der Wert der Geschenke sollte für alle Kinder gleich sein.

---

14  Vgl. analog Meffert, H. (1980): Marketing, 5. Aufl., Wiesbaden, S. 480f.

15  Caplow, Th. (1984): Rule Enforcement without Visible Means: Christmas Gift Giving in Middletown, in: American Journal of Sociology, Vol. 89, No 6, pp. 1306 - 1323.

- Der Wert der Geschenke von Kindern an die Elternteile sollte relativ gleich sein, allerdings darf der Wert des Geschenkes an die Mutter etwas höher sein als der Wert des Geschenks für den Vater.

- Der Wert der Geschenke von Geschwistern sollte sich in etwa entsprechen, aber niedriger ausfallen als der Wert der Geschenke an die Eltern.

- Der Wert der Einzelgeschenke an alle weiteren Personen (Großeltern, Geschwister, Freunde) soll geringer sein als der Wert der Geschenke an die Mitglieder der Kernfamilie.

In seinen Überlegungen kann Eric die Geschenkeüberlegungen der Kinder für ihre Eltern vernachlässigen. Er teilt das ermittelte Geschenkebudget in Beträge für Monika, Hanna und Lukas sowie sonstige Adressaten auf; und natürlich wird auch das Budget berücksichtigt, auf das Monika zurückgreifen kann, um Geschenke für Eric zu kaufen.

In Übernahme der Geschenkeregeln nimmt Eric folgende Zuordnung vor:

Das Geschenkebudget wird für Eltern, Kinder und Sonstige im Verhältnis von 60:30:10 aufgeteilt. Von dem 60-prozentigen Elternanteil wird für das Geschenk an Monika 60 Prozent reserviert. Das Kindergeschenkebudget wird zu gleichen Teilen auf Lukas und Hanna aufgeteilt. Damit ergibt sich folgende normgerechte Aufteilung des optimalen Geschenkebudgets:

| Monika | 36 % |
|--------|------|
| Eric | 24 % |
| Hanna | 15 % |
| Lukas | 15 % |
| Sonstige | 10 % |

Damit sind die Rahmenbedingungen für den Einkauf geklärt, auch wenn für den konkreten Kaufakt noch Detailprobleme zu lösen sind.

# 9. Geschenkepreisbestimmung bei unsicherer Gegengeschenkelage mittels Entscheidungsbaumverfahren

## Das Problem

Gerade bei der Bestimmung der Geschenkpreishöhe für sonstige Personen – zum Beispiel Geschwister – besteht ein besonderes Problem. Erfahrungsgemäß ist es sehr unsicher, ob man überhaupt von seinen Geschwistern beschenkt wird – und, wenn ja – ob das Geschenk gleichwertig ist. Es kann also einerseits sehr gut sein, dass man großzügig schenkt, also massiv in Geschwisterbeziehungen weihnachtlich investiert, ohne dass ein entsprechender Return eintritt. Andererseits besteht natürlich auch die Gefahr, dass man bei seinen Geschwistern massive Unzufriedenheit auslöst, wenn sich das eigene Geschenk in Relation zum empfangenen als zu mickerig erweist. Erschwerend kommt hinzu, dass es sich bei Geschwistern um längerfristige Beziehungspartner handelt, sodass Folgerungen für das Geschenkverhalten zum nächsten Weihnachtsfest zu erwarten sind. Es handelt sich also um ein mehrperiodisches Planungsproblem unter Unsicherheit. Was ist zu tun?

## Die Lösung

Für dieses komplexe und mehr als eine Periode umfassende Planungsproblem bietet sich das Entscheidungsbaumverfahren geradezu an: Es visualisiert die Problematik übersichtlich anhand eines Baumdiagramms; es ermöglicht eine mehrperiodische Betrachtung; und es zeigt eindeutig, welche Geschenkalternative als optimal anzusehen und somit zu wählen ist.[16]

---

16  Vgl. Laux, H. (2005): Entscheidungstheorie, 6. Aufl., Berlin und Heidelberg, S. 291ff.; Schmalen, H. (1995): Preispolitik, 2. Aufl., Stuttgart und Jena, S. 116ff.

Eric sieht die Geschenkbestimmung für seinen Bruder Günter als zweiperiodisches Problem an und steht vor folgender Frage: Soll er zum nächsten Weihnachtsfest (Weihnachtsperiode 1) und zum übernächsten Weihnachtsfest (Weihnachtsperiode 2) dem Bruder ein kleines Geschenk ($G_k$) oder ein großes Geschenk ($G_g$) machen? Dabei weiß er aus Erfahrung, dass sein Bruder immer erst seine Entscheidung über sein Gegengeschenk (GG) trifft, nachdem er das erhaltene Geschenk ausgepackt und bewertet hat.

Für die Weihnachtsperiode 1 stehen also für Eric die Alternativen eines kleinen Geschenks ($G_{k1}$ = 10 €) oder eines großen Geschenks ($G_{g1}$ = 40 €) zur Wahl. Wie Eric seinen Bruder Günter kennt, wird sich dieser bei seiner Entscheidung vom Wert des erhaltenen Geschenks beeinflussen lassen. So wird er für den Fall, dass er selbst nur ein kleines Geschenk erhalten hat, die Alternativen eines kleinen Gegengeschenks ($GG_{k1a}$) im Wert von 8 Euro oder eines großen Gegengeschenks ($GG_{g1a}$) in Höhe von 32 Euro in Betracht ziehen. Wenn er sich aber über ein großes Geschenk hat freuen können, kommen für ihn wertvollere Geschenkalternativen in Betracht, nämlich ein kleines Gegengeschenk ($GG_{k1b}$) zum Preis von 18 Euro oder ein großes Gegengeschenk ($GG_{g1b}$), das 40 Euro Wert ist.

Für das nächste Weihnachtsfest der Periode 2 steht Eric grundsätzlich wieder vor der Frage, ob er seinem Bruder ein kleines oder ein großes Geschenk machen soll. Allerdings bezieht er nun die Erfahrungen des Weihnachtsfestes der Periode 1 in seine Überlegungen ein. So variiert er die Preislagen für ein kleines oder großes Geschenk je nachdem, ob er zum Weihnachtsfest der Periode 1 von Bruder Günter ein kleines oder großes Gegengeschenk erhalten hat. Beispielsweise wird er in dem Falle, dass er für sein kleines Geschenk zum Weihnachtsfest 1 ebenfalls ein kleines, aber noch wertloseres Gegengeschenk erhalten hat, für das Weihnachtsfest 2 den Wert seiner potenziellen Geschenkalternativen senken, sodass dann die Varianten eines kleinen Geschenks ($G_{k2a}$ = 8 €) und eines großen Geschenks in Höhe ($G_{g2a}$ = 28 €) zur Wahl stehen. Wenn er aber zum ersten Weihnachtsfest auf sein kleines Weihnachtsgeschenk ein großes Gegengeschenk erhalten hat, wird er etwas höherpreisige Varianten für das kleine Geschenk ($G_{k2b}$ = 12 €) bzw. das große Geschenk ($G_{g2b}$ = 30 €) in Betracht ziehen. In analoger Weise geht er für die weiteren Fälle vor, in denen sein großes Geschenk entweder mit einem kleinen oder großen Gegengeschenk beantwortet wurde (siehe Abbildung 13).

Auch für das Weihnachtsfest in Periode 2 geht Eric davon aus, dass Günter erst einmal das erhaltene Geschenk begutachtet und dann seine Entscheidung fällt. So wird er für den Fall, dass er ein kleines Geschenk bekommt, entweder die Alternative eines kleines Gegengeschenks ($GG_{k2}$) im Wert von 10 Euro oder eines großen Gegengeschenks ($GG_{g2}$) in Höhe von 30 Euro wählen. Höher fallen die Alternativen jedoch aus, wenn er zum Weihnachtsfest 2 ein großes Geschenk von Eric erhält ($GG_{k2}$ = 12 und $GG_{g2}$ = 36).

Im Geschenke-Entscheidungsbaum kennzeichnen die rechteckigen Kästchen Erics Entscheidungssituationen. Die runden Ereignisknoten repräsentieren die Ungewissheit der Situation. Die Äste des Baums zeigen zum einen Erics Geschenkalternativen, zum anderen Günters Gegengeschenkvarianten mit den jeweiligen Werten der Geschenke/ Gegengeschenke. An den Endpunkten der feinsten Äste ist der Gesamtertrag (Wert des Gegengeschenks minus Wert des eigenen Geschenks) vermerkt, der sich durch Addition der Werte entlang der Äste des Entscheidungsbaums im Rahmen einer Vorwärtsrechnung ergibt. Der über den Planungszeitraum von zwei Weihnachtsperioden erzielbare Ertrag beläuft sich demnach zwischen − 30 und + 40 Euro (siehe Abbildung 13).

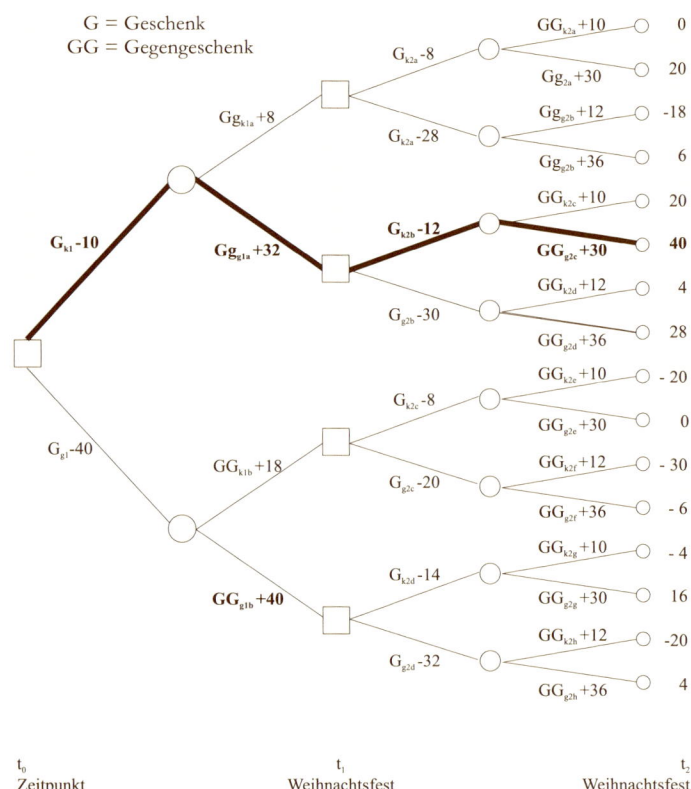

$t_0$            $t_1$            $t_2$

Zeitpunkt       Weihnachtsfest       Weihnachtsfest

Geschenkentscheidung       Periode 1       Periode 2

Abbildung 13: Geschenke-Entscheidungsbaum (Vorwärtsrechnung)

Wenn Eric nun genau wüsste, wie sein Bruder vorgeht, wäre seine Entscheidung klar. Er würde zum Weihnachtsfest der Periode 1 ein kleines Geschenk machen, auf das große Geschenk seines Bruders zum Weihnachtsfest der Periode 2 mit einem kleinen Geschenk antworten und wieder dessen großes Geschenk in Empfang nehmen. In diesem Fall ist mit einem brüderlichen zweiperiodischen Geschenkeertrag in Höhe von 40 Euro zu rechnen.

Leider hat Eric aber weder für dieses Jahr noch für das nächste Jahr Sicherheit über die Entscheidungen seines Bruders. Doch immerhin verfügt er über erfahrungsgeprägte Wahrscheinlichkeiten.

So geht er für die Weihnachtsperiode 1 davon aus, dass sich Günter auf ein kleines erhaltenes Geschenk ($G_{k1}$) mit einer Wahrscheinlichkeit von 0,7 auch für ein kleines Gegengeschenk entscheidet ($GG_{k1}$), während mit einem großen Gegengeschenk ($GG_{g1}$) nur mit einer Wahrscheinlichkeit von 0,3 zu rechnen ist. Wenn Eric allerdings ein großes Geschenk ($G_{g1}$) macht, wird er mit einer Wahrscheinlichkeit von 0,6 auch ein großes Gegengeschenk ($GG_{g1}$) und nur mit einer Wahrscheinlichkeit von 0,4 ein kleines Gegengeschenk erhalten. Zum Weihnachtsfest der zweiten Periode ist mit angepassten Wahrscheinlichkeiten zu rechnen. So geht Eric davon aus, dass Günter in der zweiten Periode auf ein kleines Geschenk ($G_{k2}$) mit einer Wahrscheinlichkeit von 0,9 auch mit einem kleinen Gegengeschenk ($GG_{k2}$) reagiert und bei Empfang eines großen Geschenks ($G_{g2}$) sich mit einer Wahrscheinlichkeit von 0,8 ebenfalls zu einem großen Gegengeschenk ($GG_{g2}$) durchringen kann, sodass in diesem Fall das Risiko eines kleinen Gegengeschenks ($GG_{k2}$) relativ gering ist.

Damit liegen alle Informationen vor, die man benötigt, um die heutige Geschenkentscheidung auf dem Wege einer Rückwärtsrechnung der Erwartungswerte optimal fällen zu können. Diese Rechnung ist auch gut in der Abbildung 14 nachvollziehbar. Die kleinen Kreise sind die so genannten Erwartungsknoten, denen die Kosten und Nutzen der Handlungsalternativen unter Berücksichtigung der Wahrscheinlichkeiten, dass Günters Geschenkalternativen eintreffen, zugeordnet werden. In den Entscheidungsknoten (Kästchen) wird bei der Rückrechnung jeweils der Erwartungswert der überlegenen Handlungsalternative eingefügt.

71

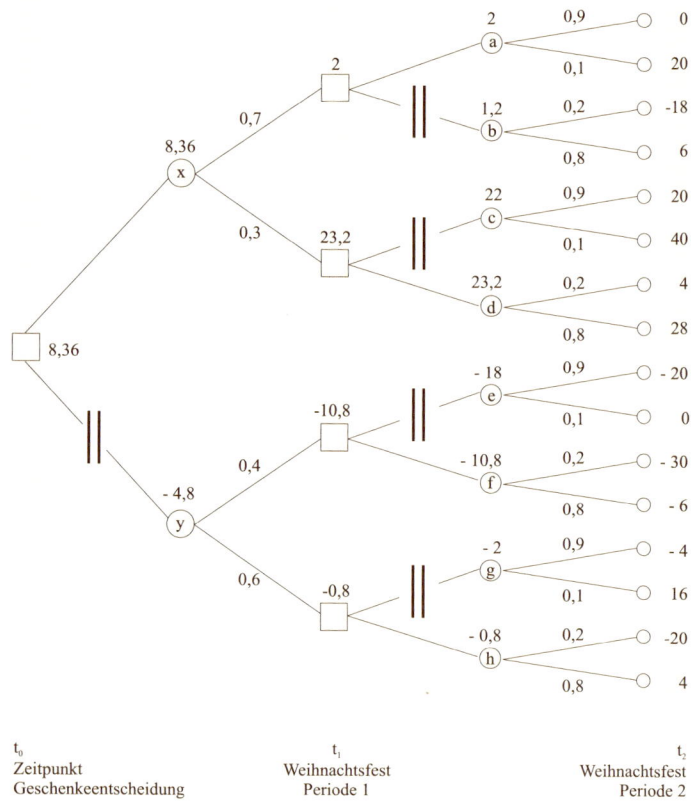

Abbildung 14: Geschenke-Entscheidungsbaum (Rückwärtsrechnung)

Der Erwartungswert im Erwartungsknoten a beläuft sich demnach auf 2 (0,9 x 0 + 0,1 x 20), während der Erwartungswert des Erwartungsknotens b mit 1,2 [0,2 x (-18) + 0,8 x 6] niedriger ausfällt. Die weiteren Erwartungswerte sind analog zu berechnen und alle in Abbildung 14 angegeben.

Für Erics Entscheidung, welches Geschenk in der zweiten Weihnachtsperiode zu wählen ist, wird der Ast mit dem höchsten Erwartungswert gewählt, der andere „abgehackt".

Rechnet man nun weiter zurück, sind die Erwartungswerte für die Ereignisknoten x und y zu berechnen, indem man die maximalen Erwartungswerte auf die frühere Stufe überträgt und mit den Wahrscheinlichkeiten gewichtet. Dementsprechend beläuft sich der Erwartungswert für den Ereignisknoten x auf 8,36 (0,7 x 2 + 0,3 x 23,2) und für den Ereignisknoten y auf - 4,8 [0,4 x (-10,8) + 0,6x (-0,8)].

Mit dem hohen Erwartungswert von 8,36 Euro für den zwei-periodischen Weihnachtsgeschenkeertrag ist die optimale Entscheidungsfolge nun eindeutig aus den nicht abgehack-ten Ästen des Entscheidungsbaums ablesbar: Für Eric lohnt es sich, seinem Bruder zum Weihnachtsfest der Periode 1 in jedem Fall ein kleines Geschenk zu machen. Wenn er dar-aufhin ein kleines Gegengeschenk bekommt, ist ein kleines Geschenk auch für das zweite Weihnachtsfest wieder die beste Alternative. Sollte sein Bruder allerdings beim ersten Weihnachtsfest auf sein kleines Geschenk mit einem großen Gegengeschenk antworten, ist es für Eric optimal, Günter zum zweiten Weihnachtsfest mit einem großen Geschenk zu überraschen. Somit ist alles klar. Es ist einfach ein gutes Gefühl, schon jetzt zu wissen, dass man auch mittelfristig nicht geschenkemäßig übervorteilt wird. Ein gutes Gefühl, das auf so einfache Weise herstellbar ist. Wie man sieht, braucht man unwahrscheinlich wenige Informationen über eine unwahrscheinlich wahrscheinliche Zukunft!

# 10. Geschenkeeinkauf mittels Gift Target Costing

## Das Problem

Häufig übersteigen die Wünsche einfach das festgelegte Geschenkebudget. Die Familienmitglieder wissen exakt, was sie wollen. So wünscht sich Monika die Handtasche „Pochette" von Gucci; Lukas will die Handballschuhe „Stabil" von Adidas. Auch was Eric will, ist für Monika klar. Das Ergebnis der Bedürfnisermittlung mittels Conjoint Measurement hat eindeutig ergeben, welche Krawattenvariante für Eric die Richtige ist. Doch oft tritt – wie hier – ein sehr ärgerliches Problem auf: Das in Frage stehende Produkt ist einfach zu teuer. Wenn man die Budgetvorgaben nicht überschreiten will, gibt es eigentlich nur zwei Handlungsmöglicheiten.

Die erste Alternative besteht darin, vom Wunsch des Geschenkeempfängers abzuweichen und eine billigere Variante zu wählen. Insbesondere bei Spezialwünschen mit Markencharakter ist dies nur unter Inkaufnahme von Zufriedenheitseinbußen möglich. So ist es eher unwahrscheinlich, dass Monika Entzückungsschreie ausstößt, wenn sie statt der gewünschten Gucci-Handtasche nun eine mit dem Tchibo-Luxuslogo TCM unter dem Weihnachtsbaum findet. Lukas wird nicht glücklich sein, wenn die Handballschuhe statt der gewünschten drei nur zwei coole Streifen aufweisen. Auch kann Monika beim Kauf einer Krawatte für Eric nicht einfach vom Golfmotiv auf ein Micky Mouse-Motiv übergehen.

Insofern bleibt eigentlich nur Alternative zwei. Man muss an dem gewünschten Produkt festhalten, aber versuchen, dieses zu einem günstigeren Preis zu bekommen, insbesondere indem man mit dem Verkäufer verhandelt. Aber vielfach bleiben solche Verhandlungen erfolglos, weil sie argumentativ zu wenig fundiert sind. Wenn Kunden an der Kasse sagen: „Ich zahle für die Gucci-Handtasche „Pochette" nicht die geforderten 169,90 Euro, sondern nur 100", wirkt das wenig überzeugend. Ganz anders sieht es aus, wenn man sich mit Hilfe des Gift Target Costing eine differenzierte Argumentationsbasis verschafft, die sich auf harte Daten in Bezug auf die Präferenzen des Geschenkempfängers stützen kann.

## Die Lösung

Mit Hilfe des Gift Target Costing kann man die Einhaltung des Geschenkebudgets sicherstellen und bei der Abweichung vom Kundenwunsch sich exakt an den Bedürfnissen des Geschenkempfängers ausrichten.[17]

Grundlage für das Gift Target Costing (oder Geschenkeziel-Kostenmanagement) sind die Kosten, die ein spezifisches Geschenk, das zum gewünschten Geschenkebefriedigungsniveau führt, maximal kosten darf. Auf dieser Basis lässt sich nicht nur leicht errechnen, welche Kostensenkung erzielt werden muss, sondern auch, bei welchen Komponenten des Geschenks diese Kostensenkung vorgenommen werden soll.

Das Gift Target Costing als anwendungsbezogene Variante der Zielkostenrechnung läuft nach einem einfachen Schema ab.

1. Zunächst muss die Entscheidung für das Geschenk bereits gefallen sein. Das ist in Bezug auf Monikas Geschenküberlegungen für Eric der Fall. Schon früh hatte sie sich auf eine

---

17  Götze, U. (2007): Kostenrechnung und Kostenmanagement, 3. Aufl., Berlin und Heidelberg, S. 281ff.

Krawatte als Geschenk festgelegt. Nach dem eindeutigen Ergebnis der Conjoint Analyse ist auch über die Krawattenvariante entschieden.

2. Im nächsten Schritt sind die Zielkosten festzulegen. Diese ergeben sich natürlich aus der Budgetierung. Die Aufteilung des Geschenkebudgets von Monika hat zum Beispiel ergeben, dass die Krawatte nicht mehr als 50 Euro kosten darf. Damit stehen als maximal erlaubte Kosten (allowable costs) die Zielkosten des Krawattengeschenks fest.

3. Im dritten Schritt ist nun die Ziellücke zu ermitteln. Monika stellt fest, dass die von Eric gewünschte Krawattenvariante nicht unter 70 Euro zu haben ist. Es besteht somit eine Ziellücke von 20 Euro.

4. Nun sind die Ergebnisse der Conjoint Analyse der Bedürfnisermittlung heranzuziehen. Wie dort angegeben, wurde festgestellt, dass die verschiedenen Elemente der Krawatte in unterschiedlichem Maße zum Gesamtnutzen beitragen: Das Muster spielt mit 60 Prozent die größte Rolle, gefolgt von der Form von 25 Prozent und 15 Prozent vom Stoff (siehe Abbildung 15, Spalte 1).

| | Relative Bedeutung | Zielkosten (= € 50) | tatsächlicher Kostenanteil | Verkaufspreis (= € 70) | Kosten-reduktions-bedarf |
|---|---|---|---|---|---|
| | 1 | 2 | 3 | 4 | 5 |
| Stoff | 15 % | 7,50 € | 50 % | 35,00 € | 27,50 € |
| Form | 25 % | 12,50 € | 30 % | 21,00 € | 8,50 € |
| Muster | 60 % | 30,00 € | 20 % | 14,00 € | -16,00 € |
| | | 50,00 € | | 70,00 € | 20,00 € |

Geschenk-komponente

Abbildung 15: Kostenreduktionsbedarf Krawattengeschenk

5. Nun sind die Zielkosten der Geschenkkomponenten zu berechnen. Dazu sind die Gesamtzielkosten von 50 Euro mit den jeweiligen Prozentsätzen der Komponentenbedeutung zu gewichten (Spalte 2). Man sieht also, dass der Stoff 7,50 Euro kosten darf, die Form 12,50 Euro und das Muster 30 Euro.

6. Jetzt muss man nur noch schätzen, welchen Kostenanteil die drei Komponenten an der Krawatte tatsächlich haben. Nach reiflicher Überlegung kommt Monika zu dem Ergebnis, dass der Stoff wahrscheinlich die meisten Kosten verursacht und die Hälfte der Gesamtkosten ausmacht. Der Formunterschied zwischen breiten und schmalen Krawatten macht 30 Prozent der Kosten aus, während der kleinste Kostenanteil (20 Prozent) auf das Design des tollen Golfballmusters entfällt (Abbildung 15, Spalte 3). Die absoluten Kostenanteile am Gesamtpreis von 70 Euro zeigt Spalte 4.

7. Durch Gegenüberstellung des faktischen Kostenanteils (Spalte 4) mit den jeweiligen Zielkosten (Spalte 2), zeigt sich ganz klar, wo in welcher Höhe ein Kostenreduktionsbedarf besteht. Nicht das Muster erzeugt ein Problem, sondern der Stoff und – in geringerem Maße – die Form. Das zeigt im Übrigen auch das Zielkostenkontrolldiagramm, in dem der Kostenanteil und die relative Bedeutung der Krawattenkomponenten gegenübergestellt werden[18] (siehe Abbildung 16).

Jetzt ist alles klar: Selbstverständlich muss Monika ihre Aktivitäten zur Reduzierung der Krawattenkosten um 20 Euro auf den Stoff konzentrieren. In der Verhandlung mit dem Verkäufer im Herrenbekleidungsgeschäft kann sie nun eine begründete Forderung zur Preisreduktion im Hinblick auf den Stoff artikulieren. Sollte diese Strategie wider Erwartung nicht erfolgreich sein, muss sie sich auf die Suche nach einer

---

18  Vgl. analog: Weber, J./Schäffer, U. (2006): Einführung in das Controlling, 11. Aufl., Stuttgart, S. 333.

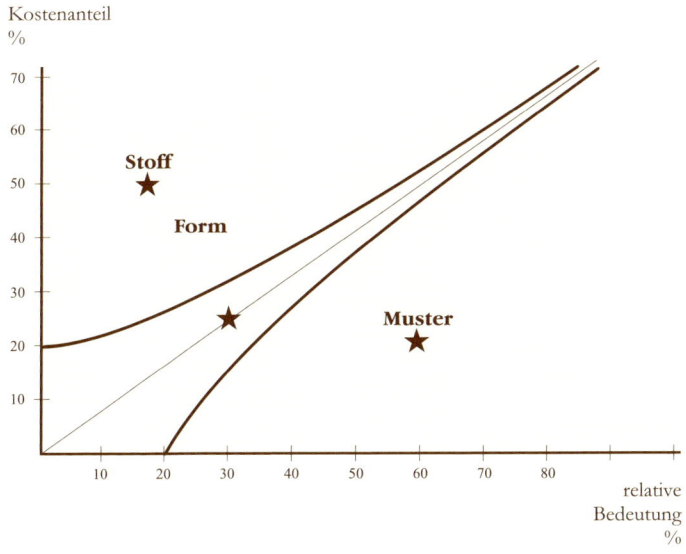

Abbildung 16: Zielkostenkontrolldiagramm für Krawattengeschenkeinkauf

Krawatte machen, die das gewünschte Muster und die geforderte Form aufweist, aber deren Stoff 20 Euro billiger ausfällt. Sicherlich wird es ihr gelingen, eine Krawattenvariante zu finden, die zumindest visuell und haptisch eine seidenartige Anmutung hat. Gegebenenfalls muss Monika noch innen ein Label „pura seta" einnähen. Auf diese Weise wird Erics Weihnachtszufriedenheit sichergestellt und zugleich das Zielbudget eingehalten. Ohne Gift Target Costing hätte Monika eventuell am Muster gespart und damit eine dramatische Fehlentscheidung getroffen.

Der Weihnachtsbaum

# 11. Weihnachtsbaumkauf mit Hilfe des Scoringverfahrens

## Das Problem

D er Kauf eines Weihnachtsbaums gehört oft zu den besonderen Tragödien der Weihnachtszeit, weil eine falsche Baumauswahl ein über lange Zeit schwelendes und unübersehbares Problem beinhaltet. Dieses eskaliert meistens zum Zeitpunkt des Schmückens, lodert aber immer wieder auf – etwa in Situationen, wo der Weihnachtsbaum von Gästen geprüft und als Ausdruck der soziokulturellen Schichtzugehörigkeit bewertet wird. Vielfach beeinträchtigt das Problem die ganzen Weihnachtstage und hält bis zur Baumentsorgung an. Wie schwerwiegend das Problem ist, sieht man auch daran, dass die falsche Baumwahl meist noch über Jahre Gegenstand der vorweihnachtlichen familiären Gespräche ist: „Weißt Du noch den hässlichen Baum, den sich Papa letztes Jahr hat andrehen lassen?" „Ja, natürlich, der war ja wirklich unvergesslich schrecklich."

Eine Reihe von Fehlern kann passieren: Der Baum ist zu groß oder zu klein; er trägt die ästhetisch falschen Nadeln; er ist schief gewachsen, er passt nicht in den Ständer; er ist zu dicht oder zu durchsichtig. Die Zweige sind zu lang oder zu kurz, er nadelt schon vor Weihnachten auf dem Balkon usw.

Die angesprochenen Mängel können zum einen objektiv festgestellt werden, etwa ob der Baum für den Ständer zu groß ist oder schon in nennenswertem Umfang Nadeln verliert. Zum Teil sind die Defizite das Ergebnis subjektiver Bewertungen der verschiedenen Familienmitglieder. So gibt es beispielsweise in Bezug auf die optimale Nadelart abweichende Einschätzungen. Zudem ist es denkbar, dass die Familienmitglieder unterschiedliche Beurteilungskriterien heranziehen bzw. diese abweichend gewichten. Auch kann es sein, dass sich ein Baum in Bezug auf ein Kriterium (z.B. Ständeradäquanz) als überlegen, hinsichtlich eines anderen (z.B. Nadelart) als unterlegen erweist.

In dieser Situation bedarf es eines Verfahrens, das die Beurteilung verschiedener Weihnachtsbaumalternativen im Hinblick auf alle wichtigen Kriterien mit einer zielgerechten Kompensation von Vor- und Nachteilen erlaubt.

## Die Lösung

Das Weihnachtsbaum-Auswahlproblem kann leicht mit Hilfe eines Scoring- oder Punktbewertungsverfahrens gelöst werden. Denn dieses ermöglicht es, die Überlegenheit eines Tannenbaums im Hinblick auf alle relevanten Beurteilungskriterien mit Hilfe gegenseitig aufrechenbarer Punktwerte eindeutig nachzuweisen.[19]

Um den „schönsten" bzw. „besten" Weihnachstbaum aus Familienperspektive zu ermitteln, haben die Gutenburgs eine Weihnachtsbaum-Projektgruppe aller Familienmitglieder gebildet. Diese hat dann das Scoringverfahren methodisch korrekt in einem mehrstufigen Prozess angewendet:

1. Definition der Bewertungskriterien

Zunächst sind die Kriterien festzulegen, die für die Beurteilung von Weihnachtsbäumen wichtig sind. Die familiäre Projektgruppe einigt sich im Konsens auf folgende Kriterien ($K_j$), wobei auch eine hohe Übereinstimmung mit publizierten Kriterienkatalogen festzustellen ist:

---

19 Vgl. Diller, H. (1998): Nutzwertanalysen, in: Diller, H. (Hrsg.): Marketingplanung, 2. Aufl., München, S. 253ff.

- Transportierbarkeit
- Aufstelleignung
- Ständeradäquanz
- Frische
- Geradheit
- Nadelart
- Schmückbarkeit

## 2. Gewichtung der Beurteilungskriterien

Natürlich muss berücksichtigt werden, dass nicht alle Kriterien gleich wichtig sind. Dass ein Baum leicht nach Hause zu transportieren ist, wird in der Regel nicht als ganz so wichtig angesehen wie die Tatsache, dass der Baum noch Nadeln hat.

Dementsprechend ist ein eindeutiges Gewichtungsschema zu entwickeln, um eine eindeutige Lösung zu ermöglichen und späteres Gemecker zu vermeiden.

| Bewertungskriterium $K_i$ | Gewicht $W_j$ |
|---|---|
| Transportierbarkeit | 0,05 |
| Aufstelleignung | 0,15 |
| Ständeradäquanz | 0,10 |
| Frische | 0,20 |
| Geradheit | 0,30 |
| Nadelart | 0,05 |
| Schmückbarkeit | 0,15 |

Abbildung 17: Gewichtung der Beurteilungskriterien

In konstruktiver Diskussion wird jedem Kriterium ($K_j$) ein Gewichtungsfaktor $w_j$ zugewiesen, wobei die Summe aller Gewichtungsfaktoren den Wert eins ergibt ($\Sigma\ w_j = 1$) (siehe Abbildung 17).

3. Bildung einer Transformationsmatrix für die Punktevergabe

Nachdem die Bewertungskriterien festliegen, wird eine so genannte Transformationsmatrix für die Punktevergabe erstellt. Das heißt, es wird eine Punktwertskala von 1 bis 5 gebildet, mit deren Hilfe die jeweiligen Zielerreichungsgrade in einem Punktwert ausgedrückt werden. Für jedes Bewertungskriterium wird eindeutig definiert, wie eine bestimmte Ausprägung des jeweiligen Bewertungskriteriums in einen Punktwert zu transformieren ist. Dabei erhält die schlechteste Beurteilung immer den Punktwert 1, während für die beste Ausprägung der Punktwert 5 vergeben wird. Familie Gutenburgs Transformationsmatrix zeigt Abbildung 18.

4. Vergabe der Punktwerte für die Baumalternativen

Nun können die Punktwerte für alle zur Verfügung stehenden Alternativen vergeben werden. Das Schöne an diesem Verfahren ist, dass eine prinzipiell unbegrenzte Zahl von Alternativen einbezogen werden kann. Dies ist insbesondere ein Vorteil, wenn man die Tanne im Wald selbst schlagen will oder nahezu alle Weihnachtsbaummärkte der Stadt ins Kalkül einbeziehen will.

Familie Gutenburg geht die Sache allerdings pragmatischer an. Sie besucht einen großen Weihnachtsbaummarkt und beschließt einvernehmlich, fünf Bäume zu bewerten. Nach

| Punkte<br><br>Kriterien | 1 | 2 | 3 | 4 | 5 |
|---|---|---|---|---|---|
| **Trans-portier-barkeit** | muss gegen Aufpreis angeliefert werden | ist nur mit Anhänger transportierbar | ist mit PKW transportierbar | kann von zwei Familien-mitgliedern getragen werden | kann von einem Familienmitglied getragen werden |
| **Aufstell-eignung** | passt überhaupt nicht in das Weihnachts-zimmer | passt überhaupt nicht an den vor-gesehenen Platz | passt nur nach Umräumen an den vorge-sehenen Platz | passt an den vorgesehenen Platz | passt sehr gut an den vorgesehenen Platz |
| **Ständer-adäquanz** | Stamm sehr viel zu groß für Stän-der (neuer Stän-der erforderlich) | Stamm viel zu groß für Ständer (Unfallgefahr) | Stamm zu groß für Ständer (aber mit Motor-säge anpassbar) | Stamm passt, nur geringe Anpas-sung erforderlich | Stamm passt hundertprozentig in den Ständer |
| **Frische** | hat schon keine Nadeln mehr | nadelt bereits beim Anschauen | nadelt bei Berührung | nadelt wenig | nadelt sehr wenig |
| **Geradheit** | total schief | sehr schief | Schiefe fast nicht sichtbar | gerade | ganz gerade |
| **Nadelart** | Krüppelkiefer | Gemeine Fichte | Blaufichte 2. Wahl | Blautanne 1. Wahl | Nordmanntanne 1. Wahl |
| **Schmück-barkeit** | sehr schlecht wegen zu weiter oder zu enger Abstände | schlecht wegen weiter bzw. enger Abstände | mittel | gut, der gesamte Weihnachts-schmuck kann untergebracht werden | sehr gut, der ge-samte Weihnachts-schmuck kann sehr vorteilhaft präsentiert werden |

Abbildung 18: Transformationsmatrix zur Vergabe von Punktwerten für Weihnachtsbäume

zeitintensiven und auch etwas nervigen Diskussionen kommt
man zu einer einheitlichen Bewertung der fünf Bäume, die
in der ungewichteten Punktwertmatrix (Abbildung 19) zum
Ausdruck kommt.

| Ziel<br>Baum | Trans-<br>portier-<br>barkeit<br>0,05 | Aufstell-<br>eignung<br>0,15 | Ständer-<br>adäquanz<br>0,10 | Frische<br>0,20 | Geradheit<br>0,30 | Nadelart<br>0,05 | Schmück-<br>barkeit<br>0,15 |
|---|---|---|---|---|---|---|---|
| Baum 1 | 2 | 2 | 2 | 5 | 1 | 4 | 3 |
| Baum 2 | 3 | 3 | 4 | 2 | 2 | 5 | 2 |
| Baum 3 | 4 | 4 | 1 | 1 | 3 | 1 | 1 |
| Baum 4 | 5 | 5 | 2 | 4 | 2 | 5 | 4 |
| Baum 5 | 1 | 4 | 3 | 2 | 4 | 1 | 3 |

Abbildung 19: Ungewichtete Punktwertmatrix für Weihnachtsbäume

## 5. Ermittlung der Punktwerte und Entscheidung

Im letzten Schritt sind die ungewichteten Punktwerte mit den dazugehörigen Gewichten zu multiplizieren und für jeden Baum zu summieren. In diesen gewichteten Mittelwerten kommt die familiäre Wertschätzung der Bäume in einem Wert kompakt zum Ausdruck (siehe Abbildung 20).

Der optimale Baum ist der mit dem höchsten gewichteten Punktwert, also eindeutig Baum 4 mit einem Punktwert von 3,45. Dieser Baum erreicht in Bezug auf Transportierbarkeit, Aufstelleignung und Nadelart die maximale Punktzahl, auch bezüglich Frische und Schmückbarkeit hat er Stärken. Angesichts dieser Vorteile ist die Tatsache, dass er sehr schief ist, leicht hinzunehmen.

| Ziel Baum | Trans- portier- barkeit 0,05 | Aufstell- eignung 0,15 | Ständer- adäquanz 0,10 | Frische 0,20 | Geradheit 0,30 | Nadelart 0,05 | Schmück- barkeit 0,15 | Σ 0,15 |
|---|---|---|---|---|---|---|---|---|
| Baum 1 | 0,10 | 0,30 | 0,20 | 1,00 | 0,30 | 0,20 | 0,45 | 2,55 |
| Baum 2 | 0,15 | 0,45 | 0,80 | 0,40 | 0,60 | 0,25 | 0,30 | 2,95 |
| Baum 3 | 0,20 | 0,60 | 0,10 | 0,20 | 0,90 | 0,05 | 0,15 | 2,20 |
| Baum 4 | 0,25 | 0,75 | 0,20 | 0,80 | 0,60 | 0,25 | 0,60 | 3,45 |
| Baum 5 | 0,05 | 0,60 | 0,30 | 0,40 | 1,20 | 0,05 | 0,45 | 3,05 |

Abbildung 20: Gewichtete Punktwertmatrix für Weihnachtsbäume

Sollte dieses Ergebnis wider Erwarten doch nicht zu anhaltender Glückseligkeit unter dem Tannenbaum führen, kann man im nächsten Jahr die Gewichte der Bewertungskriterien verschieben; O Tannenbaum.

# 12. Zeitoptimales Weihnachtsliedersingen

## Das Problem

D er Höhepunkt des Weihnachtsfestes ist natürlich die Bescherung. Und dieser Höhepunkt wäre kein Höhepunkt, wenn er nicht schön lange herausgezögert würde. So zählt man während des ganzen Dezembers die ausgepusteten Kerzen auf dem Adventskranz und die offenen Türchen im Weihnachtskalender. Aber selbst wenn der Heilige Abend endlich da ist, geht es ja noch keineswegs los. Erst sind noch die letzten Einkäufe zu machen. Gegebenenfalls ist auch der Baum zu schmücken und Geschenke sind einzupacken. Dazu kommen die feieralltäglichen Aufgaben der Essensvorbereitung, der festlichen Einkleidung usw. Dann ist der Kirchenbesuch geliebte Pflicht. Aber nach der Rückkehr vom Krippenspiel könnte es mit der Bescherung losgehen. Doch nein, ganz wichtig für die Erzeugung einer besinnlichen Stimmung ist es natürlich, dass sich die Familie noch vor der Bescherung gemeinsam musikalisch einstimmt. Es wird gesungen, bisweilen auch unterstützt durch Blockflöten in verschiedenen Tonlagen. Dabei ist die Tatsache, dass manche nicht immer und andere nie den richtigen Ton treffen, weniger problematisch. Schwieriger ist es, die optimale Länge dieser musikalischen Phase zu bestimmen. Ist sie zu kurz, wird zu wenig Besinnlichkeit erzeugt, ist sie zu lange, wird schon wieder vom Besinnlichkeitsoptimum abgewichen, weil Langeweile und Ungeduld immer stärker werden – ein einfaches Optimierungsproblem.

## Die Lösung

Ökonomisch betrachtet ist das gemeinsame Singen in der weihnachtlichen Einstimmungsphase mit unterschiedlichen (psychischen) Kosten verbunden. Da in der Familie Gutenburg eigentlich überhaupt nicht mehr gesungen wird und somit das gemeinsame Weihnachtssingen einer ungeprobten Premiere mit hohem Risikocharakter entspricht, treten insbesondere bei den wenig geübten und wenig sangesfreudigen Familienmitgliedern (Eric, Lukas) Lampenfieber und andere Formen einer notwendigen Überwindung psychischer Widerstände auf. Diese sind ökonomisch als „Psychische Gesangswiderstandskosten" (GWK) zu interpretieren. Zudem steht nur noch der Gesang vor der Bescherung, auf die die ganze Vorweihnachtszeit adventlich hinweist und auf die alle Planungs-, Entscheidungs- und Umsetzungshandlungen ausgerichtet sind. Nachdem ansonsten alle anderen Aktivitäten abgeschlossen sind, besteht ein starkes Bedürfnis, die Bescherungsphase zu erreichen. Die lange auf die Folter gespannte Vorweihnachtsgeduld ist nahezu aufgebraucht. Das heißt: Alle Familienmitglieder empfinden einen weiteren Aufschub als Belastung. Sie tragen dementsprechend „Psychische Bescherungsaufschiebungskosten" (BAK), und diese Kosten steigen mit jedem Lied bzw. jeder weiteren Strophenzeile.

Es ist also mit zunehmender Dauer der Gesangseinlagen mit einem unterschiedlichen Verlauf der psychischen Kosten zu rechnen: Die Gesangswiderstandskosten sinken und die Bescherungsaufschiebungskosten steigen.

Die optimale Zeitplanung der musikalischen Einstimmungsphase unter diesen Bedingungen zu finden, ist ganz leicht.

Die Lösung der optimalen Länge der Einstimmungsphase erfolgt über eine einfache Optimierung der gegenläufigen psychischen Kostenverläufe.[20]

---

20  Vgl. analog: Corsten, H. (2008): Beschaffung, in: Corsten, H./Reiß, M. (Hrsg.): Betriebswirtschaftslehre, Band 1, 4. Aufl., München und Wien, S. 416.

Als zeitliche Einheit nimmt man praktischerweise Lied-strophenzeilen, wobei im Grundmodell zur Vereinfachung zunächst unbeachtet bleiben soll, dass das Singen der Strophen der verschiedenen Weihnachtslieder nicht völlig gleich lang dauert, da nicht nur die halben und ganzen, Viertel- und Achtel-Noten unterschiedlich verteilt sind, sondern auch die Zeilenlängen (sogar innerhalb eines Weihnachtsliedes) variieren. Allerdings kann das Modell auch leicht verfeinert werden und damit an Genauigkeit gewinnen, wenn man als Zeiteinheit statt Liedstrophenzeilen Achtelnoten verwendet.

Es wird nun ein Diagramm gezeichnet, wobei die y-Achse die psychischen Kosten und die x-Achse die Strophenzahl angibt. In dieses Diagramm sind nun die Kurven für die (über alle Familienmitglieder kumulierten) Gesangswiderstandskosten (GWK) und Bescherungsaufschiebungskosten (BAK) einzutragen und durch Addition die gesamte psy- chische Gesangskostenkurve (GK) zu bilden (siehe Abbildung 21).

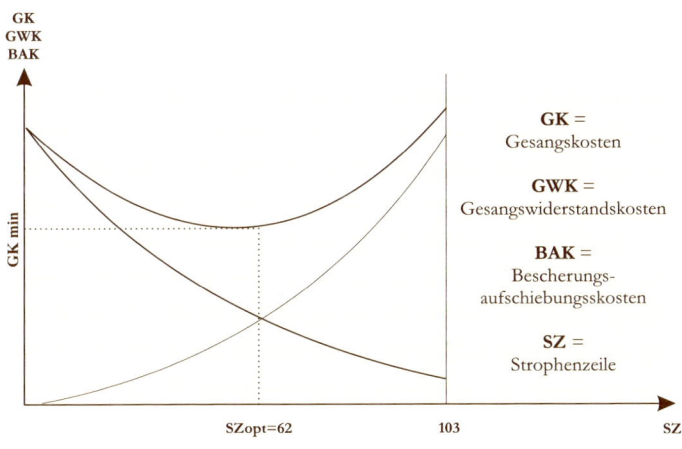

Abbildung 21: Optimale Weihnachtsliederstrophenzahl

Dabei zeigt schon der erste Blick, dass bei einer Strophenzeilenzahl von 103 die psychischen Gesangskosten eine untragbare Höhe erreichen und jegliche Erträglichkeitsgrenze überschreiten. Auch die optimale Dauer der Einstimmungsphase ist sofort und eindeutig der Graphik zu entnehmen. Sie ist dort gegeben, wo die gesamten psychischen Gesangskosten ihr Minimum aufweisen.

Dieses Minimum liegt bei der Familie Gutenburg bei 62 Strophenzeilen.

Nun hat die Familie ihr Weihnachtslieder-Programm aufzustellen und die grundsätzlich gewünschten Lieder in eine Rangfolge zu bringen. Zudem ist für jedes Lied die Anzahl der Strophen mit dem entsprechenden Zeilenumfang anzugeben. Die Gutenburgs einigen sich auf folgende Programmfolge:

1. „Alle Jahre wieder" (3 Strophen à 4 Zeilen)

2. „O Tannenbaum" (3 Strophen à 6 Zeilen)

3. „Kling Glöckchen, klingelingeling" (3 Strophen, à 8 Zeilen)

4. „Stille Nacht" (3 Strophen à 6 Zeilen)

5. „O du fröhliche" (3 Strophen à 6 Zeilen).

Nun sind die Zeilen abzuzählen. Die 62. Zeile ist in der zweiten Zeile von „Stille Nacht" erreicht, also unmittelbar nach „O wie lacht".

Mit dieser Zeile beendet Familie Gutenburg daher das Weihnachtsliedersingen. Das passt auch prima, weil sowieso alle
Mitglieder der Familie ein Lächeln im Gesicht haben. Die
einen, weil sie das Singen so genossen haben, die anderen,
weil sie sich freuen, dass es vorbei ist. Und alle gemeinsam,
weil es endlich ans Auspacken geht. Jetzt ist wirklich Weihnachten.

# 13. Erfolgskontrolle:
# Das optimierte Weihnachtsfest

## Das Problem und die Lösung

*J*etzt, da das erste wirklich durchdacht geplante Weihnachtsfest vorbei ist und damit die nächste Weihnachtsplanungsperiode bereits begonnen hat, gilt es, konkrete Zahlen zu präsentieren und eine objektive und streng geprüfte Bilanz vorzulegen. Um es vorweg zu nehmen, die Bilanz fällt fast eindeutig positiv aus.

Die Familie Gutenburg hat zweifellos die Qualität ihrer weihnachtsbezogenen Entscheidungen nachhaltig verbessert. Mit Hilfe der Conjoint Analyse wurden die Geschenkewünsche aller Familienmitglieder sehr viel genauer ermittelt und erfüllt. Monika hat keine Marzipankugel, keinen Dominostein zu viel gegessen, und wenn doch, dann nur in bewusster Abweichung vom Planziel. Die Zimtsterne wurden zwar weiterhin selbst gebacken, aber jetzt weiß Monika auch warum. Es wurden nur noch Weihnachtskarten an diejenigen geschrieben, für die sich die Aufrechterhaltung und Pflege der Beziehung lohnt. Die begrenzten familiären Ressourcen zur Strohsternproduktion wurden viel effizienter eingesetzt. Die Überschreitung des Geschenkebudgets hielt sich in den geplanten Grenzen; Zielpreise für Geschenke wurden verwirklicht und die Balance zwischen Geschenk und Gegengeschenk in Geschwisterbeziehungen wurde erheblich verbessert. Endlich gab es kaum noch Streit um den richtigen Weihnachtsbaum und jegliche Eintrübung der Weihnachtsstimmung durch das Singen zu vieler oder zu weniger Weihnachtsliedstrophen kurz vor der Bescherung wurde vermieden. Das ist ein kaum glaublicher Erfolg betriebswirtschaftlichen Denkens und Handelns.

Diesen Erfolg zeigt auch ein Blick auf die erreichten Werte
für die Key Performance Indicators der Christmas Scorecard
(siehe auch Abbildung 22).

| | Leistungsdimensionen | Key Performance Indicator | Soll-Wert | Ist-Wert | Er-füllungs-grad |
|---|---|---|---|---|---|
| **KINDER-PERSPEKTIVE** | Kinderzufriedenheit | Kinder-Zufriedenheitsindex | 86 % | 86 % | +<br>erfüllt |
| | Kindermeckerquote | Anzahl Kindermeckereien / Gesamtzahl weihnachtsbezogener Kommentare | 20 % | 15 % | ++<br>über-erfüllt |
| **ELTERN-PERSPEKTIVE** | Elternzufriedenheit | Eltern-Zufriedenheitsindex | 82 % | 83 % | ++<br>über-erfüllt |
| | Elternmeckerquote | Anzahl Elternmeckereien / Gesamtzahl weihnachtsbezogener Kommentare | 19 % | 17 % | ++<br>über-erfüllt |
| **PROZESS-PERSPEKTIVE** | Weihnachtliche Arbeitsprozessdauer | Gesamte Arbeitsprozessdauer in Stunden | < 226 | 200 | ++<br>über-erfüllt |
| | Weihnachtsproduktivität | Besinnungsqualität / Gesamte Arbeitsprozessdauer in Stunden | 2,5 | 2,5 | +<br>erfüllt |
| **KOSTEN-PERSPEKTIVE** | Kosten für Geschenke | Überschreitung des Weihnachtsgeschenkbudgets | < 50 % | 30 % | ++<br>über-erfüllt |
| | Psychische Kosten | Reduzierung des elterlichen vorweihnachtlichen Burn-out-Syndroms | 48 % | 50 % | ++<br>über-erfüllt |

Abbildung 22: Optimierungsziele und Zielerreichung

Was die Kinderperspektive betrifft, so wurde eine Punktlan-
dung hingelegt. Durch die exakte Wunschermittlung wurde
eine viel bessere Erfüllung der Geschenkerwartung erreicht.
Dies und andere Maßnahmen – insbesondere die Optimierung der Weihnachtseinstimmung durch Reduzierung der
Weihnachtslieder-Strophenzahl führten zu einer Erhöhung

des Kinderzufriedenheitsindexes auf die geplanten 86 Prozent, die Kindermeckerquote konnte sogar auf 15 Prozent gesenkt werden.

Auch die Elternzufriedenheit steigerte sich stark. Als direkter Effekt spielte auch hier die bedürfnisgerechte Geschenkwunschermittlung eine wesentliche Rolle. Ebenfalls von erheblicher Bedeutung war die Tatsache, dass die Eltern durch Geschenkebudgetierung, Geschenkepreisbestimmung und Gift Target Costing erstmals die Weihnachtskosten in den Griff bekamen und zudem der übliche Weihnachtsbaumstreit ausblieb. Zu Monikas Weihnachtszufriedenheit trug auch stark der nachweihnachtliche Blick auf die Waage bei. Zusätzlich erwies sich der indirekte Effekt einer erhöhten Kinderzufriedenheit als signifikant. Insgesamt wurde eine Erhöhung des Elternzufriedenheitsindexes im Vergleich zum Vorjahr von 4 Prozentpunkten auf 83 Prozent und eine Senkung der Elternmeckerquote auf 17 Prozent erreicht, sodass hier die angestrebten Zielwerte übertroffen wurden.

Was die Prozessperspektive betrifft, so haben sich vor allem die Optimierung des Strohsternsortiments und die Reduzierung der verschickten Weihnachtskartenanzahl zeitentlastend ausgewirkt. Die betrachteten Zeit fressenden vorweihnachtlichen Arbeitsprozesse konnten nun in nur 200 Stunden abgewickelt werden, was dazu führte, dass die angestrebte Weihnachtsproduktivität von 2,5 exakt erreicht wurde.

Die materiellen Kosten (Geschenkekosten) sanken stark durch die klare Budgetierung, die Geschenkpreisbestimmung mittels Entscheidungsbaumanalyse und Gift Target Costing, aber auch durch Einsparungen an Weihnachtskarten und Strohstern-Inputmaterialen. Das fixierte Geschenkebudget wurde nur zu 30 Prozent überschritten, was weit unter dem zulässigen Überschreitungslimit liegt. Dazu kommt eine erhebliche Reduzierung der psychischen Kosten durch Streitvermeidung, rationale Entscheidungsfindung, optimierte Prozesse und erhöhte Zufriedenheit. Das elterliche vorweihnachtliche Burn-out-Syndrom konnte um 50 Prozent vermindert werden, was ebenfalls eine Zielwertüberschreitung darstellt. In Abbildung 22 erfolgt noch einmal eine Auflistung der Key Performance Indicators mit einer Gegenüberstellung von Soll-Wert und Ist-Wert und dem beeindruckenden Ergebnis der Zielerfüllung.

So weit, so weihnachtswunderlich wunderbar. Allerdings ist die Weihnachtsplanungsfreude noch nicht ungetrübt, der Prozess hat durchaus noch Verbesserungspotenzial. Es zeigte sich nämlich, dass die Weihnachtsplanung selbst einen nicht nur positiven Einfluss auf die ultimativen Zielgrößen der Besinnlichkeitssteigerung und Weihnachtszufriedenheit hatte. Zwar sank einerseits die traditionelle vorweihnachtliche Arbeitsprozessdauer um 26 Stunden, doch diese Zeitersparnis wurde durch den Einsatz von Zeitressourcen für die betriebswirtschaftliche Planung (50 Stunden) etwas überkompensiert. Neben den zeitlichen Kosten traten zudem noch materielle Planungskosten (Anschaffung von SPSS, erforderliche Neuanschaffung eines Notebooks usw.) auf, die die monetären Kosteneinsparungen nicht ganz unerheblich überstiegen. Auch berichteten einzelne Familienmitglieder (Monika, Hanna und Lukas) von psychischen Kosten der Planungsbeteiligung. Als Folge dieser Effekte wurde das Ziel der Besinnlichkeitssteigerung um 48 Prozent in unplanmäßiger Weise verfehlt.

Allerdings ist dies ein von Investitionen beziehungsweise von der Implementierung von Management-Konzepten bekannter Effekt: Die Erfolge stellen sich in der Regel nicht sofort, sondern erst mit einer gewissen zeitlichen Verzögerung ein. Durch Erfahrungskurveneffekte dürfte die Planungszeit im nächsten Jahr wesentlich reduziert werden, Hardware und Software stehen zur Verfügung und durch permanentes Coaching sind die Akzeptanzwiderstände leicht abzubauen.

Wenn im nächsten Jahr weitere weihnachtliche Entscheidungen in den Planungsprozess einbezogen werden (z.B. der Kirchenbesuch), das betriebswirtschaftliche Planungsinstrumentarium verfeinert und der Planungsprozess frühzeitiger begonnen wird, dann steht heute schon fest: Beim nächsten Weihnachtsfest wird das Besinnlichkeitsoptimum erreicht.